Elena Jorge

del hogar digital a la

A mi familia por impulsar
mis sueños y a la
memoria de Santiago
Lorente, por su
excelencia como persona
y profesional

ÍNDICE

Prólogo

Cuando pensamos en la tecnología pocas veces nos situamos en el centro de las miradas como protagonistas del hecho y los procesos tecnológicos. Somos los actores principales de nuestra propia historia tecnológica sin saberlo, ¡Que inventen otros!, proclama nuestro pensamiento cuando esto es realmente imposible. Todos inventamos y estamos en el centro neurálgico de la tecnología, y esto ha sido siempre así. La tecnología nos habla de nuestros deseos, de nuestras aspiraciones, nuestros valores y sobre todo de lo que somos como sociedad, y de lo que queremos ser y hacer. Y es en ese paso del querer ser, al querer hacer, donde se encuentra el *germen* de la tecnología. La tecnología, es también la exteriorización, en la que no nos reconocemos, de nuestros conflictos, de nuestras contradicciones, de nuestras frustraciones y nuestras luchas por el poder. Nos movemos entre y a través de ella y nos relacionamos mediados por ella. Preferimos pensar que la tecnología son los inventores, los grandes genios, los artefactos, las máquinas, y los aparatos que al fin se nos acaban imponiendo.

Leer, mirar y escuchar la tecnología de un modo diferente, nos convierte en protagonistas de un papel que no queremos asumir porque no siempre nos dignifica, y nos recuerda demasiado claramente nuestras grandezas y miserias como individuos, cultura y civilización. Mirar la tecnología como una construcción social nos convierte no sólo en protagonistas sino también en responsables de nuestra propia historia tecnológica. Entonces, la tecnología no son sólo las fabulosas concepciones de Julio Verne, la genialidad y los inventos de Edison, la fortuna y la intuición de Bell, la pericia de Guhlielmo Marconi, la tenacidad de Isaac Peral, el don de la oportunidad, buscado inconscientemente de Bill Gates, la inocente ambición de Larry Page, la maquina de vapor, la torre Eiffel, el motor de combustión, los aceleradores de partículas o el termómetro. La tecnología también son todos los inventos fallidos, los caminos a ninguna parte, el afán de notoriedad de los inventores, el comportamiento "desleal y tramposo" de Zacharias Janssen, el astuto "plagio" de Dom Perignon, el enfrentamiento entre Samuel Morse y Joseph Henry, las envidias, los celos profesionales, los plagios, las utopías, las patentes, las luchas por las autorías. Construimos la tecnología continuamente con el uso y la apropiación que hacemos de ella, por eso la tecnología también es un joven enviando un SMS, en los albores[1] de la telefonía móvil, para economizar sus comunicaciones, un escolar empleando el buscador *Google* como corrector ortográfico o una comunidad indígena en Oaxaca utilizando la leche en polvo para pintar los límites de su campo de fútbol. Reinventamos constantemente la tecnología, como reescribimos continuamente nuestra historia y redibujamos nuestra sociedad. Nos apropiamos de la tecnología en función de nuestros valores, valores que a su vez se transforman

---

[1] En esos momentos resultaba más económico enviar un mensaje que realizar una llamada. A consecuencia de ello los usuarios, sobre todo, los que se convirtieron en altamente activos, los jóvenes, utilizaban preferentemente este tipo de comunicación. Ante este hecho la estrategia comercial de las compañías es favorecer los contratos en detrimento del sistema de crédito a través de tarjeta y gravar el mensaje abaratando la llamada, cuando ya han observado la proliferación en el uso de SMS. Podríamos pensar que es lógico que los consumidores, sobre todo los que tienen contratada la línea, comiencen ahora a efectuar más llamadas que envíos de SMS, pero la utilización primera de este tipo de comunicación ha puesto de manifiesto ventajas inesperadas para el usuario que le hacen difícil prescindir de él. El sistema de comunicación a través de mensajes cortos adquiere una entidad propia y descubre una serie de características y ventajas interesantes para el usuario, sobre otros tipos de comunicación. El mensaje no obliga a la comunicación directa a través de la voz lo que permite una comunicación rápida en situaciones en las que no sería posible. El SMS es menos *intrusivo* que otros tipos de comunicación pero prácticamente igual de rápido, nos compromete menos en la interacción, tanto a nosotros como a nuestro interlocutor, e incluso nos permite disuadirlo. Además en muchos casos sigue resultando más barato y la fuerza de la costumbre se impone. Este proceso resulta un ejemplo revelador, de la pugna de los actores en la construcción social de las tecnologías.

II

en su interacción con ella y dan lugar a nuevos procesos y construcciones tecnológicas. Edison proclamaba: "los inventos nunca tendrán fin, durarán toda la eternidad". Y parece que esto es así, pero la tecnología no es un río que nos inunda y nos arrastra fatalmente con él, la tecnología es el río en el que nadamos, el medio que nos permite vivir y que nos acompaña construyendo nuestras sociedades. En definitiva la tecnología expresa de forma concreta y funcional nuestras mejores y peores pasiones como sociedad.

Solemos también pensar que la tecnología es neutral, pero ante cualquier innovación tecnológica nuestro primer impulso es evaluar qué traerá de bueno y de perjudicial. Sería mejor preguntar, qué traemos de bueno y malo como sociedad en un determinado contexto, qué hacemos y qué queremos hacer con lo que tenemos y cómo queremos hacerlo. La respuesta a estas preguntas se expresa en la materialización de los artefactos y procesos tecnológicos, característicos de cada contexto sociotécnico. Esto explicaría las idas y venidas de tantos inventos, que fallidos en un determinado momento, han sido elementos centrales de la tecnología de otras épocas. Entenderíamos los años que separan el diseño de la bicicleta de Leonardo da Vinci similar a la actual, que hoy utilizamos; también la distancia entre dos concepciones tan parecidas como el Memex de Bannevar Bush y el hipertexto digital www de Tim Berners- Lee, y por qué una se impone y la otra no. Entenderíamos por qué pasamos en un breve lapso de tiempo de considerar el teléfono móvil como un aparato innecesario exclusivo de un grupo social, incómodo y poco funcional, a concebirlo como una extensión imprescindible y casi inseparable de nuestro cuerpo.

Otro impulso *obligado,* que actúa mecánicamente ante la innovación tecnológica es la expresión de actitudes tecnófobas o tecnófilas derivadas de la consideración de que las novedades tecnológicas son buenas o malas. Pero la tecnología, como argumenta la primera Ley de Kranzberg, no es ni una cosa ni otra, aunque tampoco es neutral. A pesar de ello, en nuestro contexto sociotécnico occidental, el fervor tecnófilo no parece dejar cabida a actitudes tecnófobas sólo minoritarias, latentes y atrincheradas. Pero tanto una postura como otra tienen en común una visión fatal de la tecnología, perciben ésta como algo exógeno y exterior a la sociedad y a los individuos, y que guiada por sus propias leyes, los condiciona para bien o para mal. Y esto es así, porque la tecnología nos seduce, nos asombra, nos fascina, nos muestra lo que somos capaces de hacer, nos promete nuevos paraísos pero también nos asusta, nos hace correr riesgos, nos intimida y sentimos que nos amenaza.

En síntesis, todos estos prejuicios derivados de una visión determinista de la tecnología, nos impiden advertir una realidad sólo visible desde una nueva perspectiva: la de la tecnología como construcción social. Desde este punto de vista, analizar cualquier hecho o proceso de innovación tecnológica, como es en nuestro caso el proceso de configuración del hogar digital, supone ver esta realidad con un pensamiento refrescante, libre de los estereotipos tradicionales del determinismo tecnológico. Ello nos permite identificar a los actores implicados en este proceso, junto a sus intereses y deseos, a sus valores y a su concepción de lo que debe de ser el habitar humano en la Era Digital. Esta perspectiva permite poner de manifiesto todas estas inquietudes y como ellas, en pugna, van configurando los nuevos espacios *tecnoarquitectónicos* que ya comenzamos a ocupar. Esto, también implica asumir la oportunidad de participar en este proceso y la responsabilidad que ello conlleva. Implica reconocer y leer los valores que compartimos y cómo estos estructuran las nuevas formas del hogar. Implica en definitiva, asumir, reconocer y hacernos cargo, de que el papel protagonista de nuestra historia tecnológica lo ocuparemos nosotros.

1 PENSAR EN LA TECNOLOGÍA

En el contexto social actual, pensar en la tecnología resulta algo retórico y redundante. Sin embargo, la percepción social de los avances tecnológicos del último siglo, y más en concreto de las tres últimas décadas, radica en una profunda visión determinista repleta de multitud de tópicos, y estereotipos falsos. Todo ello hace necesario más que nunca, una reflexión desde el punto de vista sociológico, filosófico y antropológico, que ponga de relieve tales prejuicios y provea de nuevos conceptos e instrumentos de análisis, en el debate y la concepción social de la tecnología.

Del mismo modo, al hablar de tecnología, las imágenes sociales colectivas asociadas a ella en el contexto actual, de nuestro mundo desarrollado, tienden a referirse a las últimas innovaciones electro-informáticas más o menos sofisticadas. Pocos imaginan el estribo o la cremallera, asociados al concepto de tecnología, mientras que por el contrario y aunque no lo piensen en primer lugar, reconocen el sílex y la rueda como innegables logros tecnológicos universalmente transcendentales. Sirva este ejemplo para ilustrar que no sólo la tecnología, es una construcción social, sino que su imagen cultural también lo es. Este hecho es importante, pues la imagen colectiva y las prenociones que cada cultura tiene sobre el hecho tecnológico, condicionan a su vez la apropiación que social e individualmente se hacen de ella, lo que de nuevo influye en su construcción.

Parece pues, que cuando hablamos de tecnología, tácitamente aceptamos que estamos hablando de nuevas tecnologías, cuando de hecho puede no ser así, ya que en nuestro caso el interés se centra en el hecho y los procesos tecnológicos en sí. A este respecto, cabe por tanto hacer una clara acotación. Ya desde los años **'90** la iniciativa de la **OCDE**[2] recoge que:

Cuadro 1

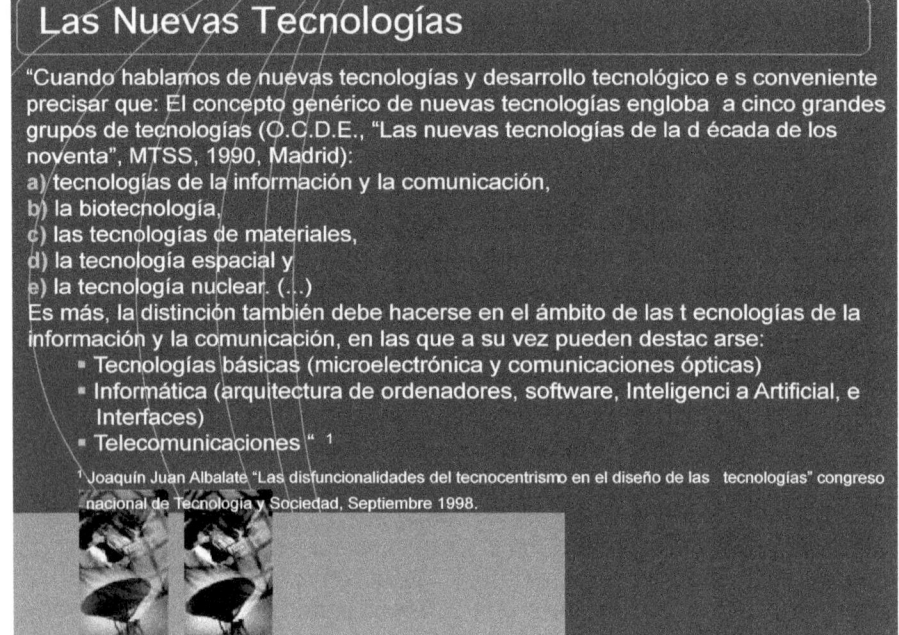

Las Nuevas Tecnologías

"Cuando hablamos de nuevas tecnologías y desarrollo tecnológico e s conveniente precisar que: El concepto genérico de nuevas tecnologías engloba a cinco grandes grupos de tecnologías (O.C.D.E., "Las nuevas tecnologías de la d écada de los noventa", MTSS, 1990, Madrid):
a) tecnologías de la información y la comunicación,
b) la biotecnología,
c) las tecnologías de materiales,
d) la tecnología espacial y
e) la tecnología nuclear. (...)
Es más, la distinción también debe hacerse en el ámbito de las t ecnologías de la información y la comunicación, en las que a su vez pueden destac arse:
- Tecnologías básicas (microelectrónica y comunicaciones ópticas)
- Informática (arquitectura de ordenadores, software, Inteligenci a Artificial, e Interfaces)
- Telecomunicaciones " [1]

[1] Joaquín Juan Albalate "Las disfuncionalidades del tecnocentrismo en el diseño de las tecnologías" congreso nacional de Tecnología y Sociedad, Septiembre 1998.

Fuente: Elaboración propia

---

[2]   **O.C.D.E.**, "Las nuevas tecnologías de la década de los noventa", MTSS, 1990, Madrid

2

Cuadro 2

Sociedad de la Información y del Conocimiento

Tecnologías de la información y la comunicación (TIC) :

- Tecnologías básicas (microelectrónica y comunicaciones ópticas)
- Informática (arquitectura de ordenadores, software, Inteligencia Artificial, e Interfaces)
- Telecomunicaciones [1]

Estas tecnologías permiten, el procesamiento, almacenamiento, recuperación y transmisión de información. Además, con Internet, lo hacen instantáneamente y sin limitaciones espaciales, lo que extiende la aplicación de tecnologías de información a todos los ámbitos de la sociedad

(1) (Joaquín Juan Albalate) "Las disfuncionalidades del tecnocentrismo en el diseño de las tecnologías" congreso nacional de Tecnología y Sociedad, Septiembre 1998.

Fuente: Elaboración propia, a partir de Joaquín Albalate "Las disfuncionalidades del tecnocentrismo en le desarrollo de las tecnologías"

De este modo, dar por supuesto el par **innovación-tecnología** o viceversa, pierde su certidumbre, como tantos otros pares en los que se incluye el concepto tecnología y a los que tan acostumbrados estamos. Tanto en el ámbito académico-científico como en el divulgativo, la noción de tecnología frecuentemente aparece acompañada de otros conceptos a los que complementa de modo *fatal* y aparentemente inseparable. **Tecnología-Evolución**, **Tecnología-Desarrollo**, **Tecnología-Progreso** y por supuesto **Ciencia y Tecnología**. En otras ocasiones se destaca por yuxtaposición con otras acepciones como en el par **Tecnología-Naturaleza** relacionado a su vez con la dicotomía **Naturaleza/Sociedad**, o más concreta y correctamente en términos de **Juan Manuel Iranzo**, **Naturaleza/Cultura**. El profesor **Iranzo** argumenta acertadamente:

"La dualidad correcta es Naturaleza /Cultura. La esencia de la naturaleza de los seres humanos es su insociable sociabilidad; la esencia de su cultura es su organización final, son artefactos protésicos de uso colectivo y general consumo individual.(...) Al fin y al cabo la Naturaleza también, en cierto sentido, sería una construcción social, sometida a mayor o menor intervención humana, si diferenciamos la naturaleza más superficial y la geología profunda. En conclusión no parece posible establecer una frontera clara entre Naturaleza y Sociedad porque la primera es definida polisémicamente por las prácticas sociales."[3]

Esta visión pone de manifiesto que, ahora más que nunca, la clásica y heredada dicotomía **Naturaleza/Sociedad** pierde significado. La percepción de un "mundo cada vez más artificial", es únicamente fruto de la intensidad, diversidad, expansión y rapidez de las aceleradas innovaciones tecnológicas, fruto y reflejo de una sociedad con idénticas características.

Herederos del pensamiento aristotélico solemos considerar natural, aquello espontáneo que ocurre independiente de la intervención y el control humano. Sin embargo la aparente y obvia distinción entre **Natural** y **Social**, es contingente y construida socialmente, y por tanto variable en cada contexto social. Subrepticiamente, esta dicotomía esconde otra que está en la base de la percepción social de la tecnología, esta es: **Natural/ Artificial**. A este respecto la herencia clásica y su desprecio por lo técnico, lo artesanal y tecnológico se encuentra latente en las corrientes neoluditas o tecnófobas actuales. A pesar de sus diferentes planteamientos, tanto la perspectiva platónica como la aristotélica, devienen en una visión similar al respecto a su consideración de la tecnología como objeto inferior frente a lo "natural". En términos platónicos lo artificial es una mera copia y reproducción de lo natural, que a su vez es una representación de su *idea* correspondiente, mientras que el pensamiento aristotélico destaca el carácter innovador de lo construido artificialmente, y también la intencionalidad de la intervención humana. Durante la alta y baja Edad Media, el Renacimiento, la Ilustración y hasta nuestros días, estas nociones

---

[3] **Juan Manuel Iranzo** "Un error cultural situado: la dicotomía Naturaleza/Sociedad." Política y Sociedad Núm 3 (2002) Madrid (pp.615-625).

4

irán cobrando nuevos significados, con importantes repercusiones en nuestras concepciones actuales sobre la ciencia y la tecnología. Así, basados en coordenadas de pensamiento "Baconewtonianas", si sirve la expresión, la experimentación y lo técnico adquieren hegemonía sobre lo "natural". Se reproduce "artificialmente" lo natural para entenderlo, y como única vía para su conocimiento. En este punto, considero que el periodo que atravesamos podríamos denominarlo "Tiempo de la tecnología"[4], no porque otros no lo hayan sido, sino por la imagen social y la percepción de la tecnología como elemento intensivo y central de la vida cotidiana. La aceleración de la innovación técnica en diferentes ámbitos, la percepción contemporánea de trascendencia de las innovaciones tecnológicas, en distintas esferas de actividad social y la simbiosis e interconexión de unos y otros avances técnicos, cuantitativamente, superan cualquier periodo anterior. Si consideramos que un cambio cuantitativo que supera un determinado umbral supone uno cualitativo[5], considero que hay razones suficientes para pensar que nos encontramos en ese momento. Esto justificaría nuestra denominación de "Tiempo de la Tecnología", en el que de nuevo, las concepciones de **Natural/Artificial** son revisadas. En este contexto y depositarios tanto de movimientos ecologistas y defensores del "Medio ambiente" surgidos en los **'60** del pasado siglo contra el industrialismo, como de su correlato en la economía de mercado y de un mundo desarrollado crecientemente *tecnologizado*, "todo" parece artificial, pues lo "natural", es más que nunca, previamente de y re-construido para que podamos disfrutarlo. Lo natural es socialmente anhelado por su imagen socialmente construida, de modo que lo natural se convierte en un artificio ideado por contraposición a lo tecnológico, que es el resto, lo asociado a lo artificial. Disfrutamos así de parques naturales acotados, nombrados y socialmente construidos, de casas y turismo rural en lugares extintos y recuperados a tal efecto. Esta concepción lleva a múltiples paradojas como ilustra **Marta Féher**:

---

[4]   Por supuesto que otros muchos tiempos, como el paso del siglo XIX al XX, lo fueron y supusieron percepciones sociales, igualmente vertiginosas y logros cualitativamente tan o más trascendentales. Pero en ningún periodo anterior los cambios implicaron tal cantidad de recursos, fueron cuantitativamente tan llamativos e implicaron a tal cantidad de población simultáneamente.

[5]   Esa cualidad desde el punto de vista físico y químico ya fue utilizada como metáfora por Marx y Engels para argumentar sus ideas sobre materialismo dialéctico y materialismo histórico refrendando a Hegel.

"Desde hace algún tiempo he venido preguntándome si un marciano o un andromediano inteligente (de algún lugar en la nebulosa de Andrómeda) sería capaz, tras su llegada a la tierra, de distinguir lo natural de lo artificial; si sería capaz de descubrir una diferencia esencial entre una vaca y un coche. ¿Podría, entonces, descubrir que aquí viven seres inteligentes que producen artefactos (en caso de que los alienígenas consideraran la producción de artefactos un signo de inteligencia)? ¿O sus notas sobre zoología terrestre incluirían, junto a gatos y vacas, cosas como coches? ¿Por qué no? ¿Y qué pasaría, por ejemplo, con los ceburros (el resultado de un cruce artificial de cebras y burros)? ¿Tienen los ceburros más cosas en común con los coches que con las vacas? ¿Son las vacas actuales que habitan en las granjas, por ejemplo en Holanda, más naturales que los ceburros pero menos naturales que, por ejemplo, los leones que viven en la sabana africana? ¿Existen grados de artificialidad?

O, tomemos un ejemplo más alejado de la ciencia-ficción, el programa Voyager. ¿Podemos esperar que los seres inteligentes con los que se encuentre fuera del sistema solar, serán capaces de descubrir que la nave espacial o la placa metálica (con dibujos esquemáticos de seres humanos) son artefactos producidos por seres inteligentes y no por la naturaleza? O, una última pregunta: ¿Cometieron los aborígenes australianos (los que se hicieron famosos por haber desarrollado el denominado "culto del cargo") una falacia epistemológica al no distinguir los aviones de enormes pájaros que expulsaban maravillosos bienes de sus vientres? ¿Era simple ignorancia, o un problema más fundamental, a saber, falta de entrenamiento epistemológico, lo que ocasionó este resultado? ¿Era un error similar a no saber cuántas lunas tiene Saturno, o similar a no ser capaz derivar la conclusión de una inferencia?

Preguntémonos también si el nido de un pájaro, la tela de una araña y una casa humana serían para nuestro marciano cosas esencialmente diferentes, i.e., contarían como miembros de dos diferentes metaclases, a saber, la de lo natural y la de lo artificial. Pero, ¿forman los artefactos lo que se denomina una "clase natural"? ¿Comparten un conjunto de propiedades específicas? ¿Tienen características comunes, además de la de ser producidos por el hombre? Ofrecer una respuesta a estas cuestiones es especialmente importante para el nuevo campo de investigación acerca de la Inteligencia Artificial"[6]

La autora concluye su ensayo de clarificación conceptual entre lo natural y lo artificial, ofreciendo una tentativa de clasificación que orienta la reflexión sobre posibles nuevas concepciones de lo **Natural-Artificial** y, diferenciación entre "artificialidades" de ¿un mundo artificial?. Distingue, a este respecto, varias categorías: una para los productos "artificiales", otra para los "naturales" producidos artificialmente, y otra mixta.

> "Hay dos grandes categorías en mi clasificación. Una la componen las cosas que son productos artificiales; y la otra las cosas cuya producción es artificial, pero que son en última instancia naturales. Pondría los coches en la primera, y los gatos domésticos o las vacas de granja en la segunda. Las mulas y los ceburros mencionados anteriormente, por tanto, pertenecen a una categoría mixta, junto con los árboles podados. En esta categoría, tanto el procedimiento que lleva al producto como el resultado final mismo son artificiales. Esto es lo que ocurre con los productos de los procesos de ingeniería genética."[7]

Esta argumentación perfila quizá un horizonte conceptual válido y necesario en un entorno social en el que proliferan los elementos artificiales vividos como naturales. Es decir, lo natural es que nuestros entornos cotidianos actuales, sean artificiales; desdibujándose y confundiéndose la distinción entre natural y artificial. En definitiva la concepción del par **Natural/Artificial** relacionado con otros anteriormente citados, y que abriga tantos otros (por ejemplo: falso/real, etc.) en su interior, pone de manifiesto que ambas nociones son socialmente construidas y varían en cada contexto sociotécnico. En este sentido, toda esta reflexión previa nos ayudará más fácilmente, a comprender y pensar en la tecnología como una construcción social más que como un elemento exógeno desde una visión determinista fatal, que comparten tanto tecnófilos como tecnófobos.

---

[6]   **Marta Féher** "Lo natural y lo artificial (un ensayo de clarificación conceptual)"   Teorema Revista internacional de filosofía. Tecnos Vol. XVII/3 1998
[7]   Ibid.

Desde estas reflexiones, tratar el tema del hogar digital supone abordar éste desde un nuevo punto de vista, y no en su dimensión más superficial y divulgativa relacionada con las expectativas ofrecidas por los medios de comunicación.

LA IMAGEN SOCIAL DE LA "CASA DEL FUTURO"

LA CASA DEL FUTURO Y OTROS CUENTOS DE HADAS

La expresión **"CASA del futuro"** resuena en el imaginario colectivo de nuestro mundo como un reclamo, una idea, un anhelo para muchos y un temor para otros. Pero a pesar de la inequívoca y consensuada imagen que tenemos de ella, nada menos adecuado que esta expresión para definirla. La casa del futuro es en sí misma la casa que está por venir, una entelequia siempre por llegar en el límite del tiempo, entre el ahora y el mañana. Así, esta manida expresión se convierte en su propia prisión situando su consecución en un tiempo indefinido y remoto. Por el contrario el frenético desarrollo de las Nuevas Tecnologías en las últimas décadas y su aplicación a todas las esferas de actividad social, hacen pensar que el futuro ya está aquí. En este contexto, es por tanto más adecuado hablar de **casa domótica**, **casa inteligente**, **hogar digital**, *smart house*, **casa *informacional*** o incluso **casa red**, concepción que abarca e incluye a las anteriores, superándolas. Pero, realmente ¿este tipo de vivienda ya está aquí, y ha venido a quedarse con nosotros?, ¿ha llegado para alimentar los sueños y expectativas de muchos? o ¿para confirmar los pocos resquicios tecnófobos de otros tantos, en un contexto de exultante euforia tecnófila?. Utilizando la concepción "Apocalípticos e Integrados" de Eco, como metáfora de posturas tecnófilas y tecnófobas respecto al hecho tecnológico, es interesante observar como a partir de la posguerra se va generando todo un imaginario colectivo respecto a la vivienda inteligente, que configura el panorama actual. Así la idea de casa automática, casa mecánica, es un concepto unido a la modernidad, y cobra un especial impulso en los **años 60**, cuando los electrodomésticos irrumpen masivamente en los hogares del mundo desarrollado. En este momento, y aun en el recuerdo los desastres de la guerra, el auge y el bienestar económico del que comienzan a disfrutar amplias capas sociales de los países

8

desarrollados, surge ligado a la evolución tecnológica. En concreto, la adquisición de multitud de artefactos que empiezan a inundar la vida cotidiana de las viviendas del mundo industrializado, generó toda una iconografía de la tecnología aplicada al hogar que perdura hasta nuestros días.

Imagen: Google. Publicidad de la marca **Cointra** de Frigoríficos lavadoras superautomáticas y cocinas.

En este contexto el cine como vehículo de expresión y transmisión cultural, presenta una imagen ambivalente plena de estereotipos tanto tecnófobos como tecnófilos respecto al hogar tecnológico. Son numerosos los ejemplos que encontramos a este respecto. Algunos de ellos corresponden incluso al cine infantil y juvenil, hecho que nos permite destacar la relevancia de la función socializadora del cine a través de la fuerza audiovisual, de sus imágenes y mensajes. Así en la celebrada serie televisiva de los **años 60 Los Supersónicos[8],** se nos presenta un ambiente en el que estos personajes habitan en hogares en los que la tecnología se integra perfectamente en sus vidas, como algo natural que facilita y hace más agradable su existencia. En la historieta **Elroy in Wonderland** –traducida en la versión española como **"Fantasía de Cometín"**- podemos ver al cabeza de familia rescatando la antigua caja de herramientas de su padre carpintero. Al ser sorprendido por su hijo pequeño, éste le pregunta por semejantes instrumentos que nunca ha visto, -no conoce objetos como la escoba ni sabe para que sirve- el padre le explica la función de

---

[8] **Elroy in Wonderland Los Supersónicos** (1961)
Los Supersónicos serie de dibujos animados de los años 60 de **William Hanna y Joseph Barberá Hanna** –Barberá Productions, INC para la WARNER BROS. FAMILY ENTERTAIMENT

9

cada uno de ellos y el trabajo de su abuelo, lo que despierta la curiosidad y reflexión en el pequeño, que vive en un contexto totalmente distinto. El niño dispone de una gran computadora que realiza sus deberes y si olvida apagar la luz de su habitación al ir a dormir, su madre lo hará con un simple chasquido de dedos. La serie refleja la perfecta convivencia de los valores tradicionales de la sociedad norteamericana correspondientes a los **años 60** del pasado siglo, con una natural convivencia con los más asombrosos artilugios y estilos de vida totalmente tecnologizados.

Imagen: Barberá Hanna –Barberá Productions, INC para la WARNER BROS. FAMILY ENTERTAIMENT

Así en la presentación de la serie observamos la perfecta caracterización de los roles de una familia americana tipo, de este periodo. El padre va a trabajar a la oficina, el niño y la niña a sus respectivos entornos académicos y la mujer –algo más emancipada gracias a la tecnología- se dirige de compras a un centro comercial. A este respecto, una pista más sobre la conservación y expresión de los roles familiares tradicionales, se observa cuando en esta secuencia, la mujer solicita con un gesto dinero a su marido, éste le ofrece un billete que saca de la cartera y ella con expresión sonriente, coge la cartera en lugar del billete. El esposo con gesto resignado, deja a su mujer y continúa camino al trabajo. En definitiva, en toda esta serie se observa una imagen amable de la tecnología, cuya función es facilitar la vida y proporcionar *confort*, en un mundo que refleja perfectamente los valores y estereotipos del contexto social occidental, de mediados del pasado siglo.

10

Por el contrario la historieta **"Casas locas de atar"** de **Walt Disney**[9] y protagonizada por **Mickey**, nos presenta una imagen idealizada de la tecnología y sugerente, tras la que se esconde un enemigo que nos arrebata la libertad, la intimidad y la independencia en nuestro propio hogar. Se pasa de una imagen seductora de la tecnología a la tiranía de ésta lo que obliga al individuo a defenderse frente a ella, poniéndose de manifiesto el enfrentamiento hombre-máquina, argumento siempre recurrente.

Imagen: Disney Enterprises, Inc.

En este caso, **Mickey** hastiado de aguantar las incomodidades de su vieja morada, decide comprar una nueva y encuentra una casa inteligente que llama su atención. La presentación y características de la vivienda son tan espectaculares que **Mickey** no lo duda ni un segundo. Compra la casa y comienza a disfrutar de sus comodidades y *confort* pero en el momento en que los deseos de **Mickey** se desvían del plan preestablecido para su bienestar, la casa intenta reorientar su comportamiento convirtiéndose así en su enemigo. Comienza un duro enfrentamiento-hombre máquina en el **Mickey** resulta vencedor. Después **Mickey** y su fiel mascota **Pluto** deciden regresar a su vieja morada y se muestran felices en ella, pues esta casa aun con sus desconchones, **si que es un verdadero hogar**.

Fuera del cine infantil también podemos encontrar otras referencias cinematográficas al tema del hogar inteligente, que presentan del

---

9   Disney Enterprises, Inc. (2002)

mismo modo esta postura ambivalente respecto a la casa tecnológica. Algunas de ellas las encontramos en dos tradiciones cinematográficas bien distintas, la americana y la europea aunque correspondientes en el tiempo a una misma época, los **años 50** y **60**. Así por ejemplo, en la película **Una sirena sospechosa**[10], comedia de enredo protagonizada por la actriz **Doris Day**, emblema del género durante esta década, se observa esta doble consideración de asombro y extrañamiento ante la tecnología. En la secuencia de referencia observamos al igual que en la historieta de **Mickey** una presentación sugestiva de la tecnología como invención capaz de los mayores prodigios, pero que nos conduce de nuevo al enfrentamiento hombre-máquina con un final poco deseable. En los diálogos se muestra una actitud de asombro ante los prodigios tecnológicos que se presentan, pero teñida al mismo tiempo de escepticismo y temor. Tanto en esta película realizada en **1966**, como en la protagonizada por **Mickey**, observamos una presentación sugestiva de la tecnología pero que termina ofreciendo la misma imagen negativa, y un desenlace similar. En esta secuencia, en un primer momento, la tecnología se presenta de modo fantástico y accesible sólo apretando un botón. Hay que advertir que el contexto de la película predispone a esta situación. La escena a la que nos referimos, discurre en la cocina de la casa, del co-protagonista: **Rod Taylor**, un destacado ingeniero de la **NASA**, que trabaja en un importante proyecto. El galán, presenta a **Doris Day** su cocina en la que ella va a preparar un pastel:

> **Doris Day** - Le aseguro que no salgo de mi asombro, nunca había visto una cocina como esta-
> **Rod Taylor** - Pues es muy sencillo todo funciona desde aquí apretando botones, acérquese...-
> **Doris Day** - Es igual que una sala de operaciones-
> - ...-
> **Rod Taylor** - Para deshacerse de las cáscaras (de huevo) célula fotoeléctrica-
> **Doris Day** - ¿En serio?, esto es increíble!...¿habría una batidora en una cocina como esta? (sale la batidora sola de un encastrado) es increíble! Ja, Ja, Ja. ¡Vaya! esta cocina no necesita mujer...

---

[10]   The Glass Bottom Boat. (Una sirena sospechosa) Turner Entertainment. Metro-Goldwyn-Mayer. Una producción de Martin Melcher Everett Freeman, con Doris Day, Rod Taylor y Arthur Godfrey. Dirigida por Frank Tashlin (1966)

Rod Taylor - Si es usted una descuidada también tiene solución, (aparece un robot limpiador al tirar al suelo una cáscara de plátano)

Doris Day - ¡Vaya, está vivo!

Rod Taylor - Un limpia suelos automático

Doris Day - Tiene ojos

Rod Taylor - Fíjese ahora (Rod Taylor) tira un puñado de harina al suelo

Doris Day - ¡Y también tiene nariz!, ¿qué es lo que hace ese ruido?... ¿Dónde se esconde?

Rod Taylor - En su casita. Lo llamamos el vampiro y un día habrá uno en todas las casas

Doris Day - No, no en la mía no ¡que miedo!...las claras ya están listas, cuando las va a retirar él dice: - "apriete el botón de la derecha" y en ese momento la batidora se gira y (aparece el grifo que limpia las varillas)

Doris Day - ¡Parece increíble!

Rod Taylor - ¿No es una maravilla?

Doris Day - Ya lo creo que lo es...

El bizcocho se esta haciendo y ella exclama ¡es increíble se ha hecho en sólo 3 minutos!

Rod Taylor - El tiempo es relativo en la era espacial

Imagen: Turner Entertainment. Metro Goldwyn-Mayer.

Debido a una llamada telefónica **Rod Taylor** se ausenta y todo comienza a fallar, (eso sí, por un error accidental humano: ella, en una escena romántica, en la que él se acerca a besarla, sin percibirlo modifica la programación del horno desplazando el botón hasta el máximo). El pastel se quema y carbonizado sale disparado del horno a instancias del sistema automatizado de la cocina. Ella se sorprende y el robot limpiador comienza su trabajo. **Doris Day** desconcertada se aparta colisionando con la mesa de la cocina, y diversos objetos que encuentran en ella caen al suelo agravando el caos y el desorden, que el robot intenta remediar. En este frenesí de limpieza el aparato se enreda en la pierna de la protagonista y aspira su zapatilla. En la siguiente lucha, ella se enfrenta a la máquina y así se cumple su *profecía* de – "No en mi casa no, que miedo..." Después del forcejeo el robot doméstico da por concluida su misión, **Doris Day** recupera su calzado y vuelve la calma. Este es uno de los ejemplos más claros en los que se manifiesta la postura ambivalente, que encierra la metáfora apocalípticos/integrados, tecnófobos/tecnófilos, que heredaremos y que configura la actitud general hacia la imagen social del hogar inteligente.

A diferencia de esta visión en cierto modo tan estereotipada, y desde la tradición cinematográfica europea **Jacques Tati**, en su película, **Mi Tío**[11] (Cap 6. **"Una casa muy especial"**) **(1958),** muestra una imagen de la tecnología aséptica, ligada al diseño, la vanguardia, la modernidad y al poder, como símbolo de ostentación y status. Al mismo tiempo, la imagen con remedos tecnófobos, se refleja aquí no destacando el enfrentamiento hombre-máquina, ni las disfunciones ni aspectos negativos de la tecnología, sino ridiculizándola a la vez que se ofrece una imagen un tanto excéntrica y extravagante, de ella y sus usuarios. Aparecen así artilugios sofisticados incluso para dar la vuelta a un simple filete en su fritura.

---

[11]   Mon oncle (Mi tío) DeAPlaneta Home Entertainment. Jacques Tati (1958). A pesar de que como señalan muchos de los críticos cinematográficos, Tati refleja en sus películas, sobre todo en Mi tío y en Play Time que realiza diez años después, un regusto melancólico ante un mundo crecientemente tecnologizado y deshumanizado su visión es lúcidamente satírica más que una crítica tecnófoba convencional.

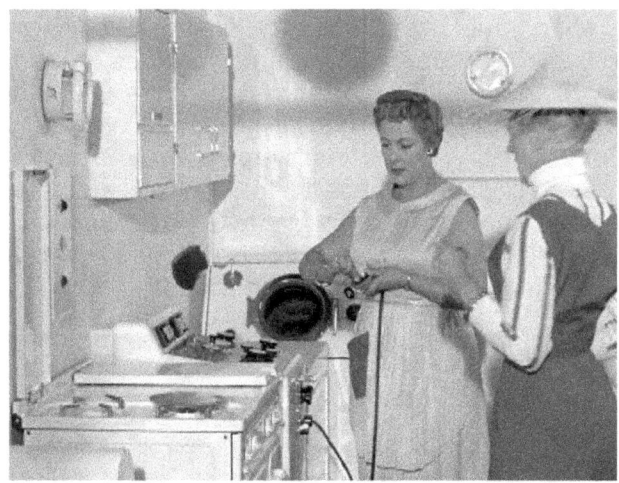

Imagen: DeAPlaneta Home Enterntainment

La reminiscencia tecnófoba aparece edulcorada en la segunda parte de la secuencia, pero no de manera explícita. Por el contrario en **Regreso al futuro II**[12] producida por **Steven Spielberg** en el año **1986** éste ofrece una visión del hogar domotizado que dista mucho de la concepción anterior. En el año 2015, un mundo sin telefonía móvil ni Internet, paradójicamente los hogares domotizados aparecen como algo común y cotidiano insertos incluso en las zonas marginales y depauperadas de las ciudades. El hogar que se muestra presenta una estética anticuada, tradicional, incluso **Kitsch**[13] desde el gusto europeo, en el que conviven en

---

[12]   Back to the Future. Part II (Regreso al Futuro II) Universal Studios dirigida por Robert Zemeckis y producida por Steven Spielberg (1989)

[13]   El término alemán Kitsch tiene una etimología compleja pues mientras algunos lo asocian a una mala pronunciación de un término ingles similar, otros lo asocian con diversos vocablos alemanes. Así en alemán *verkitschen* significa "hacer barato" y el verbo *kitschen* "barrer mugre de la calle". Otra de las expresiones a las que también se encuentra unido el término es *etwas verkitschen* que se refiere a una copia o imitación de carácter inferior al original. De un modo, u otro en esencia, con este término se designa un intento de imitación pretencioso de objetos y estilos asociados a las elites culturales. Designa de este mismo modo, el fenómeno por el que los signos culturales y estéticos asociados a este grupo de referencia, se popularizan y abaratan volviéndose accesibles a las clases populares. El abaratamiento y la copia suelen tener como resultado un empobrecimiento del producto de su manufactura y acabados, que hace que se modifique su imagen original, apareciendo ahora como vulgar y de mal gusto, aspectos asociados también a este término la popularización del

armonía, electrodomésticos, distintos dispositivos tecnológicos y sus moradores. No aparecen aquí temores, sobresaltos, ni enfrentamientos. Todo hace pensar que en el 2015 lo que hoy concebimos como hogar inteligente, se convertirá en un estilo de vida habitual que no nos extrañará, *excepto si lo visitamos desde el pasado*. Esta cita, se convierte así en un ejemplo más, que ilustra cómo las expectativas respecto al mal llamado hogar del futuro, se ven frustradas a pesar del impulso y aparición de otras tecnologías, no imaginadas para este periodo.

Imagen: Universal Studios

Como vemos a partir de los **'50**, la literatura, sobre todo el cine y posteriormente los medios de comunicación nos han contado todos

---

vocablo, a partir de los años '30 se debe a quienes lo exponen de manera crítica. **Greenberg** explica así. (1969, pp. 202-203): *"Se ha verificado (...) un fenómeno cultural. Se trata de lo que los alemanes llamaron con el maravilloso nombre de kitsch: arte y literatura comercial, popular, con sus cromotipos, sus portadas de revistas, sus ilustraciones, los anuncios comerciales, la narrativa sensacional y seudorrefinada, los comics, la literatura del estilo Tim Pan Alley, las películas de Hollywood, etc., etc... El kitsch es un producto de la revolución industrial que ha urbanizado a las masas de Europa Occidental y de América, y ha fundado lo que se llama el analfabetismo universal".*

los cuentos[14] sobre el "Hogar del futuro". Nos han ofrecido una imagen fantástica e idealizada, respecto a la que en ocasiones se dejaba entrever la desconfianza o temor que produce la idea de una "jaula de oro". Ansiedad, bajo la que se revuelve el atávico miedo humano a la máquina. Los medios de comunicación de masas nos muestran cíclicamente, cada temporada, los nuevos adelantos del *palacio digital* de **Bill Gates** y las innovaciones domóticas de las que podemos disponer, pero a pesar de ello, este mercado, que se presenta como uno de los más prometedores, supone un pequeño porcentaje del **PIB**. ¿Como explicar esto? ¿Que ha ocurrido? ¿Los cuentos no han sido lo suficientemente buenos? o ¿es que la imagen del hogar como reducto de lo íntimo, como bastión de la privacidad se ha convertido en la Cenicienta del cuento?. Para entender todo ello, es necesario comprender en primer lugar que la tecnología es una construcción social, y después analizar lo que **Santiago Lorente** ha denominado con acierto, "el divorcio entre la oferta y la demanda". Para comprender esta brecha, que la industria, los técnicos y otras tantas instancias intentan salvar, es necesario conocer la naturaleza de los fenómenos y procesos técnicos, y entender el hecho tecnológico como una construcción social. Sin entender el comportamiento "irracional" de los consumidores en el mercado, y los intereses y limitaciones que perciben cada uno de los agentes sociales implicados, en éste complejo mercado, es difícil siquiera esbozar un modelo de negocio con posibilidad de éxito. Por ello, algunas reflexiones previas ayudarán a comprender por qué dicho modelo debe de idearse a partir de una estructura abierta que integre diversos aspectos –bioclimatismo, ecología, accesibilidad, diseño, arquitectura orgánica, tecnología- y contemple las aspiraciones de los distintos agentes sociales implicados.

---

[14]   En su antología poética **León Felipe** clamaba "me se todos los cuentos!"...Se todos los cuentos "Yo no se muchas cosas, es verdad/Digo tan sólo lo que he visto./ y he visto:/ que la cama del hombre la mecen con cuentos…/Que los gritos de angustia del hombre los ahogan con cuentos…/Que el llanto del hombre lo tapanan con cuentos…/Que los huesos del hombre los entierran con cuentos…/Y que el miedo del hombre/ha inventado todos los cuentos./Yo no se muchas cosas es verdad./Pero me han dormido todos los cuentos…/Y sé todos los cuentos".

LA CONSTRUCCIÓN SOCIAL DE LA TECNOLOGÍA

A pesar de que para algunos científicos como **Alan Sokal**[15] el enfoque constructivista –desde su rechazo al relativismo cognitivo- se convierte en una perspectiva errónea, incluso en una *impostura*, amplios son los análisis, estudios y demostraciones empíricas que apoyan este enfoque: **la tecnología es una construcción social**. Aunque para otros, esta afirmación pueda parecer obvia, lo cierto es que por el contrario en el imaginario colectivo se encuentran *inscritas a fuego*, todas las nociones relativas al determinismo tecnológico. Esta corriente de pensamiento parte de una visión triunfalista de la ciencia y la tecnología, heredada del racionalismo del XVII. Ello unido a la idea de progreso, convierte desde este punto de vista, a la tecnología en motor del cambio social: "La tecnología determina la historia". De este modo el desarrollo tecnológico es autónomo y sigue una lógica "natural" orientada hacia la eficiencia técnica, con una lógica interna propia y una sola dirección, de manera lineal y acumulativa. Del mismo, modo la tecnología causa los mismos efectos en cualquier contexto social ya

---

[15] En 1996, el físico estadounidense **Alan Sokal** –publicó con éxito, un artículo bajo el título "Transgressing the Boundaries: Towards a Transformative Hermeneutics of Quantum Gravity"(Transgrediendo las fronteras: hacia una hermenéutica transformadora de la gravedad cuántica) en el número 46/47, pp. 217-252, de la revista *Social Text* Un año más tarde publicó junto a **Jean Bricmont** (profesor de física teórica en la Universidad Católica de Lovaina) el libro **Imposturas Intelectuales**, no sin antes descubrir que su primer artículo fue una parodia. Con él pretendía demostrar lo que profundiza en su libro; el deterioro y la falta de rigurosidad conceptual de ciertos y prestigiosos círculos intelectuales en Estados Unidos y Europa. La primera parte de su obra se centra en la crítica y el análisis de textos de ciertos autores –que considera estructuralistas extremos- como Jacques Lacan, Julia Kristeva, -y otros que denominan postestructuralistas- Jean Baudrillard, Giles Deleuze, Félix Guattari, etc., argumentando que tiran a la cara de sus lectores no científicos, palabras eruditas, con el objeto de impresionar y dar un barniz de cientificidad a su obra. La segunda parte del libro, que ellos juzgan más interesante, está dedicada a tratar el relativismo cognitivo, concluyendo que esta concepción es falsa a menos que redefinamos el concepto de verdad.
http://www.cienciahoy.org.ar/hoy36/experime.htm

que sigue la misma evolución, independientemente de la sociedad en la que se halle. La mayor parte de los análisis desde esta perspectiva resultan aparentemente congruentes si no fuera porque se hace evidente que tales explicaciones se realizan bajo la lógica de "la causa futura". Estas argumentaciones han ido cimentando un estilo de pensamiento respecto al hecho tecnológico que hacen que discursos como el de **L. White** (**1966**) - en su obra *Medieval Technology and Social Change*, texto paradigmático de la perspectiva determinista- parezcan razonamientos evidentes, verdaderos y claros. Para este autor, la introducción y difusión del estribo en la sociedad europea medieval hizo posible el surgimiento de la sociedad feudal. Ello fue debido a que el estribo propició la aparición de una nueva unidad de combate: el caballero, su espada y su caballo, con menor riesgo y mayor estabilidad. Pero por otra parte, todas estas ventajas requerían de un nuevo tipo de entrenamiento, caballos especiales, y además nuevos utillajes de acompañamiento. En estas condiciones y bajo el razonamiento determinista, se hacía necesaria una organización social que soportara el mantenimiento de los caballeros y sus necesidades, esto es, el feudalismo. La lógica de razonamiento del determinismo resulta en apariencia convincente y está relacionada con las argumentaciones históricas que nos resultan familiares. Pero un análisis algo más profundo revela que se trata de algo similar a una explicación "por causa futura"[16], en la que la lectura retrospectiva de los hechos los hace encajar de tal modo que parece que no hubieran podido suceder de otro modo.

---

[16] ¿Qué puede aportar la Historia de la Tecnología a la Educación CTS? (1) **José Antonio Acevedo Díaz** en OEI Sala de Lectura

Desde este punto de vista todo desarrollo tecnológico se interpreta retrospectivamente desde el presente, siguiendo las pautas de una especie de "causa futura" y considerando que se produce siempre bajo el criterio de una mayor eficiencia; de otra forma, el progreso supone el paso de los objetos y sistemas tecnológicos de un estado a otro más complejo y eficaz. Esta forma de ver las cosas da legitimidad tanto al imperativo tecnológico -al ser ciencia aplicada, la tecnología en sí misma es tan neutral como la propia ciencia y, en consecuencia, todo aquello que técnicamente pueda hacerse hay que realizarlo, correspondiendo después a la sociedad su correcta aplicación-, como a la autonomía de la tecnología respecto a la sociedad -las innovaciones tecnológicas son producidas por los expertos y, por consiguiente, solamente ellos están capacitados para evaluarlas con pericia-.

Bajo todas estas consideraciones, es fácil creer que los cambios tecnológicos determinan unidireccionalmente los cambios sociales, constituyendo el gran motor de cambio de cualquier desarrollo histórico, y de modo semejante en cualquier lugar. Por este prejuicio determinista pensamos que los niños en nuestra sociedad engordan, se hacen sedentarios y se aíslan del entorno familiar, debido al uso que hacen de los videojuegos e Internet. De este modo, el determinismo tecnológico, nos impide ver que los mismos procesos sociales que han dado lugar a nuevos tipos de familia y de relaciones entre sus miembros, han expresado esta situación tecnológicamente creando determinados artefactos que la materializan. Así el videojuego encaja perfectamente en una situación preexistente, contemporánea y posmoderna, en la que el tiempo de interacción entre hijos y padres se ha modificado, pero en el que estos desean tener controlados físicamente a los primeros sin necesidad de prestarles atención. Esta innovación tecnológica cubre así las expectativas de padres e hijos porque materializa los valores y formas de vida que se corresponden con ellas.

Sin embargo, para la mayoría el razonamiento es claro, la tecnología determina ciertas conductas, la tecnología trae cambios irreversibles, etc. Por esto consideramos que Internet engendra la globalización o temíamos que las nuevas tecnologías de la información y la comunicación nos convirtieran en *cyborgs* aislados y radicalmente insociables. A la vista está que ha sucedido todo lo contrario: un estallido de la comunicación y la interacción entre personas de todo el planeta. Temíamos que esta creciente *virtualización* acabaría con nuestra humanidad, pero por el contrario el desarrollo tecnológico de las últimas décadas ha supuesto un nuevo medio para su expresión. Al fin y al cabo como señala **Pierre Lèvy** (**1999**) bajo su concepción de **Ecologías Cognitivas** o **Ecosistemas Tecnológicos**, el lenguaje mismo es una forma de *virtualización* al hacer posible la convivencia del pasado, presente y futuro en un mismo discurso. **Pierre Lèvy** (**1999**) concibe la *virtualización*, entendida en un sentido amplio, como la continuación expresa de la *hominización* La dirección de la evolución humana es hacia lo virtual. Este proceso de *virtualización* se mueve respecto a tres planos, *virtualización* a través del lenguaje, de la tecnología y de las instituciones.

- la *virtualización* del lenguaje: hace convivir en el presente (tiempo real), el pasado y el futuro
- la *virtualización* de la técnica: se generan dispositivos abstraídos de funciones físicas o psíquicas (rueda para desplazarse, ábaco para calcular)
- la *virtualización* de las instituciones: En efecto, las instituciones, los rituales, las religiones, la moral, la ley, las normas económicas y políticas *virtualizan* la violencia

En definitiva para **Pierre Lèvy** siempre hemos sido virtuales. Así lo que las nuevas tecnologías de la información y la comunicación traen a nuestra sociedad actual, es una *"virtualización* de la *virtualización"*, ¿será esta caracterización la que nos permita hablar de la era de la *virtualidad*?

Sea como fuere, la visión triunfalista del determinismo tecnológico nace unida a la idea de progreso heredada del racionalismo a partir del XVII. Posteriormente unida a la industrialización que valora la tecnología como motor del cambio social; "la tecnología determina la historia". Además la concepción de que ésta es algo autónomo, que sigue un desarrollo natural con una lógica interna propia, está íntimamente inscrita en nuestro imaginario colectivo. Así, y a partir de la idea de que el desarrollo tecnológico es lineal, acumulativo y conduce al progreso, no podemos percibir que la tecnología es una construcción social. Soñamos entonces con un futuro tecnológico en el que las máquinas resuelvan nuestros problemas y nos liberen de la esclavitud de nuestros trabajos rutinarios, algo externo a nosotros que de manera *mágica* nos brinde la oportunidad de un mundo de ocio y despreocupación. **Luís Racionero** en su libro ***Del Paro al Ocio*** (**1984**) recoge parte de la tradición literaria que recurrentemente plantea de un modo u otro la necesidad de una reivindicación en este sentido. Es precisamente la visión determinista de la tecnología la que nos hace plantearnos estas cuestiones, que desde un punto de vista constructivista resultan ingenuas. Así, en el límite de la ensoñación y el juego nos planteamos ¿llegará el día en que las máquinas nos emancipen del trabajo y hagan de nosotros seres libres? Desde la **República** de **Platón** pasando por las utopías renacentistas como la de **Tomas Moro**, la ***Nueva Atlántida*** de **Francis Bacon**, o *La Ciudad del Sol* de **Tommaso Campanella** todas encierran un anhelo común. Luego vendrían las utopías marxistas y socialistas, los **Falansterios** de **Fourier**, la experiencia del filósofo **H. D. Thoreau** en el bosque de **Condord** en **Massachusetts**, y la rígida organización para la eficiencia, de **Walden Dos**[17]. Tantos han sido los que de modo recurrente han planteado este tema, como tantos o más los que lo han llevado silenciosamente en su corazón. Pero la pregunta desde el constructivismo social, que supera la ingenuidad del planteamiento determinista anterior, de acuerdo con su presupuesto de partida: la tecnología es una construcción social, es la siguiente, ¿queremos dejar de trabajar y convertir nuestra sociedad en un *peripatoi* griego, por donde pasear plácidamente?, la respuesta obviamente es NO. Una sociedad "que desea volar" idea aviones, una sociedad "que habla" crea medios de comunicación de masas, "una sociedad que lucha" inventa armas. Desde el punto de vista constructivista, la tecnología no es más que una materialización de valores y formas de vida, pero en este proceso de cosificación se produce una enajenación en la que no nos reconocemos. Vemos los objetos, los artefactos e incluso los procesos tecnológicos, a cada momento más virtuales que tangibles, como algo externo que se nos impone, que determina nuestra sociedad y a lo que debemos pasivamente adaptarnos. No obstante, una concepción constructivista no supone escapar de un determinismo tecnológico para caer en otro social, muy al contrario este punto de vista comprende el proceso de relación entre lo social y lo tecnológico como un *"entramado social sin costuras"* **Bruno Latour** (**1992**), en el que en dialéctica constante, un aspecto y otro no se diferencian, pero se reconstruyen incesantemente configurando los entornos sociotécnicos en que vivimos. Por ello las nuevas tecnologías de la información y la comunicación, han prendido en la sociedad cuando las instituciones, los valores y las prácticas sociales estaban preparados y maduros, para producirlas y vivirlas. Y el uso y apropiación que hacemos de ellas, está en función de los valores de nuestra **cultura profunda**, en términos de **J. Galtung**. Si antes trabajábamos, estas tecnologías no nos liberan del trabajo, aunque bien podría ser, sino que nos permiten trabajar más y de diferentes modos, y es lo que hacemos. Si antes nos comunicábamos ahora nuestro ámbito comunicativo se extiende, multiplica sus formas y se abarata, y lo que hacemos, es aumentar nuestra comunicación, y los modos y medios. De forma intuitiva en los procesos de uso y apropiación, aprendemos a utilizar los medios de manera, que sabemos en qué circunstancias es más adecuado enviar un e-mail,

---

[17] Única novela de B. F. Skinner de entre su vasta publicación científica, presenta en esta obra de 1948, una utopía construida a partir de los últimos adelantos científicos, técnicos y de la psicología social.

un SMS, un MMS, una llamada a través del teléfono móvil, teléfono fijo o tener una comunicación "cara a cara". Estos usos son los que condicionan la dirección y el avance de estas innovaciones tecnológicas, que a su vez con su forma modelan los posibles usos que podemos hacer de ellas. Así pues, el proceso lejos de ser algo externo es intrínseco a nosotros. Y son nuestros valores, nuestra organización social, nuestras instituciones las que se materializan en forma de tecnología, que una vez "cosificados" y junto a los mismos valores que les sirven de base, condicionan su uso configurando su desarrollo. Así pues, **la tecnología no es el fruto de la genialidad de los inventores, ni algo ajeno ni extraño a la estructura social a la que parece imponerse, sino que se encuentra en sus entrañas mismas**. Así, la sociedad preñada de tecnología la despliega en su propio desarrollo como una parte más de su construcción cultural, su parte más tangible. Por el contrario, si la tecnología fuera algo extraño y ajeno a lo humano, a lo social, algo externo que sigue un inexorable desarrollo acumulativo y lineal, su historia no estaría repleta de anécdotas que confirman lo contrario. Este colmado anecdotario demuestra que la predicción del desarrollo tecnológico no depende siempre de nuestro conocimiento experto bajo esta concepción lineal. Así, a finales del siglo XIX, **Charles Duell**[18] Comisario de la Oficina Americana de Patentes, declaraba "Todo lo que se puede inventar ya ha sido inventado". Por el contrario, en este mismo tiempo **Edison** anunciaba "los inventos y los descubrimientos nunca tendrán fin.

---

[18]   Como decimos se trata de un anecdotario, pues son muchas las frases célebres que a lo largo de la historia han quedado asociadas a algunos personajes sin ser ciertas. Este parece al caso de Duell, pues tiempo después de que esta anécdota se popularizara el bibliotecario **Samuel Sass** denunciaba la falsedad de esta atribución, e intentaba buscar las causas que la explican Así en un artículo titulado "*A patently False Patent Myth still! did a patent oficial really once resing because he thought nothing was lest to invent?* " Sass explica el origen del falso mito. Al no encontrar evidencias de la declaración atribuida a Duell, Sass investiga, y descubre pistas muy interesantes a partir de los hallazgos de Dr. Eber Jeffery, publicados en 1940 sobre este mismo tema. Como Jeffery relata en 1843 el entonces Comisario de la Oficina de Patentes Norteamericana Henry L. Elisworth incluyo, en un informe para el Congreso una frase que puede ser el origen del falso mito. El comentario incluido decía así "The advanced of the arts, from year to year, taxes our credulity and seems to presage the arrival of the period when human improvement must end" es decir:"Los avances de las destrezas ponen a prueba nuestra credulidad año tras año y parecen presagiar la llegada del fin del periodo del progreso humano."

Durarán toda la eternidad"[19]. Este paradigmático e incansable creador de múltiples innovaciones tecnológicas supo intuir que la tecnología es una construcción social y que esta se desenvuelve inherente a los avatares sociales. Así, el historiador **Thomas Hughes** considera que el éxito de este ingeniero inventor, dependía, -como demuestran los más de 5.000.000 de documentos que reúnen sus anotaciones[20]- tanto de su genialidad como de su gran habilidad en combinar diversos elementos heterogéneos como los costes, el contexto político social y el acervo científico existente, en forma de sistema. Pero no todos los agentes y protagonistas de innovaciones y logros tecnológicos han sabido sustraerse del esquema determinista en sus predicciones.

Imagen Google

Así en **1943** el presidente de **IBM** pronosticaba que el futuro del mercado mundial sería de cinco ordenadores.

Imagen Google

Del mismo modo años después en **1977**, el presidente de **Digital Ken Olsen**, no imaginaba "ninguna razón para que una persona quisiera tener un ordenador en su casa".

---

[19]   *Los Grandes descubrimientos* Thomas Alba Edison Grupo Editorial Planeta Cromwell Productions The History Channel 2003
[20]   Actualmente un equipo de Investigadores de la Universidad de Rutgers (New Jersey) investiga los más de 5.000.000 de documentos que dejó como legado.

Imagen Google

En esta misma línea, un estudio realizado para la empresa **ATT** en **1980**, revelaba que "El parque de móviles en el año **2000** será de **900.000** teléfonos"

Imagen Google

Por estas mismas fechas, **1981**, **Bill Gates** consideraba que "**64 K** de memoria deben bastarle a cualquiera"

Pero la realidad es *tozuda*, y estas previsiones no han concordado con los hechos. El modo en que socialmente nos hemos apropiado de estas nuevas tecnologías ha condicionado su desarrollo en otras direcciones y caminos. Así consideramos casi imprescindible rodearnos de ordenadores, convivir *adosados* a un teléfono móvil y utilizamos cada vez con más frecuencia, términos como **terabytes** y **hexabytes** para referirnos a capacidades de memoria cada vez más habituales.

Por supuesto que muchas otras previsiones y comentarios más o menos anecdóticos, de otros tantos protagonistas han sido más certeros, pero esto no es suficiente para demostrar que el desarrollo tecnológico es un proceso mecanicista de causas y efectos. Por el contrario, muchos casos aparentemente coincidentes no hacen más que demostrar el argumento de que la tecnología es una construcción social. Uno de los ejemplos más claros de este presupuesto es la denominada **Ley de Moore**[21], en este caso se demuestra que son los actores sociales los que al

---

[21] La ley de Moore establece que el número de transmisores incorporados en un chip se dobla en un espacio de tiempo de 18 a 24 meses.

moverse en la dirección de las expectativas propuestas las confirman, demostrando así la influencia social de éstas sobre los agentes sociales.

A este respecto, son muchos los análisis históricos y empíricos que desde la perspectiva social, analizan que no existe una secuencia cronológica lineal del desarrollo tecnológico ni un determinismo tal. Estos estudios revelan que el desarrollo tecnológico no es inexorable, imparable y fatal, no es autónomo ni tiene una relación unidireccional determinante con su ámbito social. Tampoco puede establecerse una analogía entre el mundo natural y la tecnología, suponiendo que ésta se rige por leyes internas de mejora de la eficiencia y selección natural, ni que produce idénticos efectos en contextos diversos. A pesar de ello, muchas de estas ideas se encuentran en la base de las estrategias y políticas públicas en materia de desarrollo e impulso tecnológico. Se reflejan así, desde las políticas tecnológicas de **Vannebar Bush**[22] en Estados Unidos al finalizar la **Segunda Guerra Mundial**, hasta nuestros días en el centro mismo de los programas **I+D+I**.

A este respecto, las aportaciones teóricas más importantes e ilustrativas, a mi juicio, que mejor representan el argumento de que la tecnología es una construcción social, son los análisis históricos llevados a cabo por **Trevor Pinch** junto a **Wiebe Bijker** y **Thomas P. Hughes** además de las reveladoras referencias de **Langdon Winner**. Desde el punto de vista constructivista de los primeros, *la tecnología exitosa no es la única posible* y ésta no sigue un desarrollo lineal guiado únicamente por el logro de la máxima eficiencia, sino que es contingente a cada contexto sociotécnico. Partiendo del emblemático ejemplo de la historia del desarrollo técnico de la bicicleta, estos autores ponen de manifiesto que la innovación tecnológica, es el resultado de la interacción entre los agentes sociales relevantes implicados. Lo que estos autores proponen es una *deconstrucción* de la historia tradicional

---

[22] Director de la Oficina Estadounidense de Investigación Científica y Desarrollo, a partir del fin de la II Guerra Mundial, implantó el sistema de Consejos de Investigación que se impuso en EEUU y otros países y del cual, aun en mayor o menor medida, las actuales políticas científicas y de investigación son herederas. Su visión de políticas científicas queda ejemplarmente reflejada en su artículo "Ciencia: la frontera interminable," esta orientación convenció y gusto al Presidente Franklin D. Roosvelt quien promovió la creación de una Fundación Nacional de Ciencia como garante de calidad de la producción científica.

que presenta la evolución de este artefacto como fruto del impulso innovador de las ideas y lucha de un fabricante o inventor. Desde el modelo determinista, la narración histórica del desarrollo de la bicicleta, se presenta contando con la complicidad tácita de que el receptor parte de este mismo modelo, y no advierte las incongruencias saltos y discontinuidades que la realidad presenta. Al comparar tanto la historia narrada para niños como la que podemos encontrar a mano, en las enciclopedias ilustradas al uso, observamos aspectos sorprendentes que no se argumentan, y que sin explicación, se suponen desarrollos necesarios, dentro de la lógica de la evolución hacia la eficiencia técnica del aparato. Por el contrario **Trevor Pinch** y **Wiebe Bijker** abren la *caja negra* de la historia de la bicicleta con una interpretación alternativa que revela su construcción social. La metodología propuesta por estos autores trata de analizar cómo un artefacto llega a ser lo que finalmente es, no sólo en términos de su diseño, ni desde un punto de vista técnico, sino en cuanto a su significado social. Se trata de explicar por qué algunas soluciones llegan a ser exitosas mientras que otras, que en un determinado momento son limitadas, en otros contextos espacio-temporales aparecen como las únicas posibles.

LA BICICLETA

La bicicleta no siempre ha tenido dos pedales, una cadena y un manillar.
Al principio, las ruedas eran de madera y no tenían neumáticos.

*La draisiana apareció en 1817.
Se aprendía a montar en ella
con un monitor.*

En el Renacimiento, el pintor
e inventor Leonardo da Vinci ideó
una bicicleta, pero no llegó a fabricarla.

La draisiana fue uno de los primeros
modelos. Tenía un manillar que hacía
girar la rueda, pero no llevaba pedales.

Más tarde, dos
pedales instalados
en la rueda delantera
de una draisiana:
crearon el velocípedo.

*Hacia 1870, se
inventó el biciclo.*

Un poco más tarde, la gran rueda
delantera del biciclo permitió ir más
rápido, ¡pero era muy difícil mantener
el equilibrio!

La primera verdadera bicicleta apareció en 1885 en Inglaterra. Tenía dos pedales y una cadena. Cuando se pedaleaba, la cadena hacía mover la rueda de atrás que avanzaba. Más tarde se inventaron las marchas.

Las primeras bicicletas eran todavía pesadas. Pero con los neumáticos hinchables, se traqueteaba menos.

Las primeras bicicletas de carreras no llevaban marchas. Hacía falta mucha fuerza para pedalear en las subidas.

Luego, se incluyó un cambio de marchas. En la década de 1980, la bicicleta todo terreno permite ir por todos sitios.

Las bicicletas de carreras profesionales actuales son ultraligeras y permiten batir récords de velocidad. 23

23 *Diccionario por imágenes de los inventos*. Éditions Fleurus, Paris 2002

[24] La bicicleta de da Vinci

- **En un apartado de la obra "Codez Atlanticus" de Leonardo da Vinci ya aparecía un dibujo de una bicicleta**. Leonardo ya pensó en una transmisión de cadena como en las que se utilizan en la actualidad. Estos dibujos fueron dispersados por el tiempo y quedaron recopilados sin orden ni concierto en la biblioteca Ambrosiana de Milán.

- **1420** El carro que se movía por sí mismo de Dr. **Giovanni di Fontana**.

- **1680 Stephan Farffler** Carro de tracción muscular con tres ruedas, movido por una manivela.

- **1690** Dr. **Elie Richard** circulaba por la Francia en un carro de pedales diseñado por él mismo.

- **1720** El conde francés **Mede de Sivrac** idealiza el celerífero, derivado de las palabras latinas *celer* (rápido) y *fero* (transporte).

---

[24]   Enciclopedia Multimedia Encarta msn. http://es.encarta.msn.com/

dandy horse

THE "DANDY HORSE."

- **En 1816, un noble alemán diseñó el primer vehículo de dos ruedas con dispositivo de dirección. Esta máquina, denominada draisina** (en honor a su inventor), tenía un manillar que pivotaba sobre el cuadro, permitiendo el giro de la rueda delantera. En Inglaterra, estos primeros modelos se conocieron como balancines; el nombre de *dandy horse* quedó para el vehículo inventado en 1818. El balancín era más ligero que la draisiana y tenía un asiento ajustable y un apoyo para el codo. Fue patentado en Estados Unidos en 1819, pero suscitó poco interés.

La bicicleta con pedales

- **En 1839, un herrero escocés, Kirkpatrick Macmillan, añadió las palancas de conducción y los pedales a una máquina del tipo de la draisina.** Estas innovaciones permitieron al ciclista impulsar la máquina con los pies sin tocar el suelo. El mecanismo de impulsión consistía en pedales cortos fijados al cubo de la rueda de atrás y conectados por barras de palancas largas, que se encajaban al cuadro en la parte superior de la máquina. La usó para realizar un viaje de **ida y vuelta hasta Glasgow de 226 Km., cubriendo un tramo de 65 Km. a una velocidad media de 13 Km./h.**

- **En 1861, Ernest Michaux decidió dotar de unos pedales a la rueda delantera de una vieja draisina.** Aunque el descubrimiento fue de suma importancia, tropezó con un grave problema que durante cierto tiempo resultó infranqueable; no había forma de mantener el equilibrio con el movimiento a pedales.

La bicicleta con ruedas de caucho

- **En 1869, en Gran Bretaña se introdujeron neumáticos de goma maciza montados en el acero,** y el vehículo fue el primero en ser patentado con el nombre moderno de bicicleta.

- **En Gran Bretaña 1870** esta máquina se conoció como el 'quebrantahuesos', a causa de sus vibraciones cuando circulaba sobre carreteras pedregosas o en calles adoquinadas.

- **En 1873, James Starley,** un inventor inglés, produjo la primera máquina con casi todas las características de la famosa bicicleta común o de rueda alta. La rueda delantera de la máquina de Starley era tres veces más grande que la de atrás.

La bicicleta de seguridad

- **Hacia 1880 apareció la conocida máquina segura o baja**. Las ruedas eran casi del mismo tamaño y los pedales, unidos a una rueda dentada a través de engranajes y una cadena de transmisión, movían la rueda de atrás.

- **En 1885, John Kemp Starley crea "la bicicleta de seguridad"**, donde la rueda delantera es mas pequeña y gracias al uso de los rodamientos, es propulsada por una cadena, se le acopló frenos, para una mayor seguridad. Añadiéndose poco después, 1888, los neumáticos desarrollados por John Boyd Dunlop, donde en su tubo interior se rellenan de aire, amortiguando parte del golpeteo contra los caminos.

La bicicleta de competición y de montaña

- **En 1903 se disputó el primer Tour de Francia.** El Tour, que ha ido mejorándose con el paso de los años y se ha convertido hoy en día en banco de pruebas de sofisticadas máquinas.

- **En las décadas de 1960 y 1970**, la contaminación atmosférica incrementó el interés hacia la bicicleta, a lo que se unió la grave crisis mundial del petróleo durante varios años, en las décadas de **1970 y 1980** aumentaron su popularidad. Se generalizó la bicicleta de carreras ligera de diez velocidades, con frenos de mano y neumáticos estrechos de alta presión.

- A **Joe Breeze, Charlie Kelly, Gary Fisher** y **Tom Ritchey** se les ocurrió colocarle llantas anchas a sus viejas bicis de marca Schwinn Excelsiors que pesaban unos 18 Kg. y así obtuvieron más control y fueron los más veloces de la montaña

- **Trek** también presentó en **1990** la primera bicicleta con doble suspensión con un peso similar a aquella de 1974, unos 20Kg

Ambas narraciones comienzan refiriéndose a la bicicleta ideada por **da Vinci**, su estructura tan semejante a la actual ya presentaba prácticamente el modelo acabado del que hoy disfrutamos. ¿cómo explicar entonces los modelos que vinieron después? Todos estos modelos no sólo suponen un retroceso en la funcionalidad y la eficiencia respecto a la idea de **da Vinci,** si no entre ellas mismas se observan idas y venidas respecto a su efectividad técnica. Así, cómo explicar los grandes inconvenientes, del modelo acertadamente denominado "quebrantahuesos", aparecido casi cuarenta años después del propuesto por **Kirkpatrick** mucho más eficiente y semejante al actual. Del mismo modo, tuvieron que pasar aproximadamente cuatrocientos años para que la bicicleta de **da Vinci** (1494), con transmisión semejante a la de cadena actual, pedales y rueda delantera y trasera de tamaño similar, fuera *ideada* de nuevo. Al contrario que en la versión determinista tradicional, desde el constructivismo, la historia se lee de modo diferente. Evidentemente los modelos de bicicleta que se sucedieron fueron fruto de sucesivos ensayos y errores en búsqueda de la eficiencia del artefacto, pero el éxito de ciertos prototipos no puede explicarse únicamente por causas técnicas. Muy al contrario el impulso de perfeccionamiento técnico se corresponde con los valores de lo que es eficiente en cada contexto histórico-social, e interactúa con los actores sociales y las definiciones que estos hacen de las innovaciones técnicas y su conveniencia. Así el ineficiente "quebrantahuesos", era todo un símbolo de status y poder para los varones de su época, y el diseño ostentoso de una gran rueda delantera todo un acierto para esta función. Esta situación se mantuvo hasta que la presión de otros grupos sociales, que fueron cobrando relevancia, atribuyó un significado diferente que fue capaz de articular de nuevo el mercado, en otra dirección. Para comprender mejor todo este proceso, **Trevor Pinch** y **Wiebe Bijker** comienzan por determinar los grupos sociales relevantes, implicados más directamente en este contexto de innovación. Para ellos, un grupo social relevante es aquel que está constituido por un conjunto de individuos que confieren un mismo significado a un artefacto y que pretenden hacer prevalecer su concepción. En el caso de la bicicleta destacan a: **Inventores/ Ingenieros/ fabricantes/ distribuidores/ vendedores** y **diferentes grupos de usuarios**. Los significados que cada grupo relevante atribuye al nuevo artefacto entran en conflicto y van modelando a través de las luchas que se dan entre ellos, el significado social y estructura técnica del mismo. Así, un diseño perfecto para un grupo social podría ser problemático para otros. La bici de rueda alta era un símbolo de status y poder para los hombres, que les permitía demostrar su masculinidad y su pericia mientras que era incómoda e insegura para el resto de los usuarios. Toda esta serie de definiciones en torno al artefacto, ponen de manifiesto las ventajas e inconvenientes para cada uno de los grupos relevantes, que se traducen en problemas técnicos a resolver. Estas discrepancias entre los diferentes grupos más o menos tácitas, y su resolución, están en la base de la forma, significado y función, que adquirirá la innovación resultante. Como consecuencia de todo ello, se produce lo que los autores denominan *mecanismos de cierre* **de las controversias**, que en el caso de la bicicleta fueron diversos. Entre ellos **Trevor Pinch** y **Wiebe Bijker** destacan la publicidad y el diseño de los neumáticos de **Dunlop**. La inseguridad que suponía la bicicleta de rueda alta para un grupo de usuarios cada vez mayor, tuvo su respuesta técnica en la creación de un nuevo diseño apto para todos. En este caso, la publicidad ayuda a generar un nuevo significado y un atributo indispensable, unido al diseño de la bicicleta que hasta entonces no siempre lo había sido. Así los fabricantes de la bicicleta *segura* mediante su publicidad anunciaban *"¡Ciclistas! Por qué arriesgar la salud de vuestros cuerpos en una Máquina de rueda alta cuando para andar en carretera una "Facile" de 40 ó 42 pulgadas brinda todas las ventajas de la otra y casi absoluta seguridad"*. Del mismo modo, algo que parecía inadmisible según la definición estética de la época, el neumático de caucho con cámara de aire, respondió a otros intereses de los que participaban todos los grupos implicados. Estos neumáticos aportaron a la bicicleta mayor velocidad y estabilidad, aspectos que hacían converger las expectativas de todos los usuarios diluyéndose así la cuestión estética. Estos procesos de cierre se dan cuando se concilian en la mayor medida posible, los intereses y definiciones que los diferentes actores sociales hacen de la innovación tecnológica en cuestión. El fruto de estos procesos de cierre es la estabilización de un determinado diseño, que pervive con pequeñas variaciones, en un periodo en el que adquiere un significado social, una función y un uso. Si a todo ello añadimos el argumento central de **Langdon Winner** sobre la política de los artefactos, parece claro que la relación entre procesos sociales y tecnológicos es algo más que una interferencia o acompañamiento de los primeros sobre los segundos. Así, a la aseveración de **Kranzberg**: **"la tecnología no es ni buena ni mala, ni tampoco neutral"**, **Winner** añade **"¿tienen política los artefactos?"**. En respuesta a esta cuestión central, **Winner** recoge toda una serie de referencias ilustrativas, que avalan no sólo la intersección entre los social y lo tecnológico sino la encarnación del poder en todos los artefactos. En su concepción, las tecnologías son inherentemente políticas, así la decisión de adoptar una tecnología u otra está relacionada con la distribución de poder, autoridad y privilegio dentro de una comunidad. En este sentido la interacción social, está siempre mediada por artefactos que suponen una materialización de las relaciones de poder que se dan en ella. En palabras de **Winner**

> "Los temas que dividen o unen a las personas en la sociedad se resuelven no sólo en las instituciones y prácticas de la política propiamente dicha, sino también, en forma no tan obvia, en arreglos tangibles de acero y hormigón, cables y semiconductores, tuercas y tornillos". [25]

Así **Winner** nos llama la atención sobre un fenómeno que puede sorprender a cualquier viajero que transite por las autopistas americanas, y es la inusual escasa altura de los pasos elevados, de los puentes que comunican **New York** con las zonas de recreo y playas de **Long Island**. Aun percibiendo tal situación, es difícil que el observador atribuya a ello un significado especial. Pero al igual que **Bijker** y **Pinch**, **Winner** bucea en el sentido esencial de este

---

[25]   **Winner, Lagdon**, "¿Los artefactos tienen política?", en La ballena y el Reactor, Gedisa Editorial, España, 1986. p.45

hecho descubriendo su significado profundo. Esta inocente forma estructural cobra un nuevo sentido si tenemos en cuenta, como desvela **Winner**, que tal hecho responde a una intención deliberada. A partir de la biografía de **Robert Moses** escrita por **Robert A. Caro**, **Winner** revela como las propias razones argüidas por **Moses** denotan su actitud xenófoba y clasista, que se materializa en este caso en sus diseños. Así

> "Los blancos de las clases "ricas" y "medias acomodadas", como él los llamaba, propietarios de automóviles, podrían utilizar libremente los parques y playas de Long Island para su ocio y diversión. La gente menos favorecida y los negros, que normalmente utilizaban el transporte público, se mantendrían a distancia de dicha zona porque los autobuses de doce pies de altura no podrían transitar por los pasos elevados. Una consecuencia era la limitación del acceso de las minorías raciales y grupos sociales desfavorecidos a Jones Beach, el parque público más alabado de los que Moses construyó. Moses se aseguró de que los resultados de sus diseños fueran efectivos vetando poco después una propuesta de extensión del ferrocarril de Long Island hasta Jones Beach." [26]

Algunos otros ejemplos presentados por **Winner** sirven para reforzar su argumento central en torno a la fuerza política de los artefactos. En este sentido las tecnologías son instrumentos que consolidan las relaciones de poder, autoridad y privilegios de unos actores sociales sobre otros.

> "Si el lenguaje político y moral con el que valoramos las tecnologías sólo incluye categorías relacionadas con las herramientas y sus usos; si no presta atención al significado de los diseños y planes de nuestros artefactos, entonces estaremos ciegos ante gran parte de lo que es importante desde el punto de vista intelectual y práctico." [27]

En definitiva **la creación, diseño y uso de los artefactos tecnológicos son materializaciones de las formas de poder**

---

[26]   **Winner, Lagdon**, "¿Los artefactos tienen política?", en La ballena y el Reactor, Gedisa Editorial, España, 1986
[27]   Ibid.

en un determinado contexto. Por el contrario, sus usos prácticos y concretos las presentan como instrumentos únicamente útiles y eficaces para determinadas tareas, apareciendo así como artefactos totalmente neutrales. **Cyrus McCormick II** lo sabía muy bien, y por ello adoptó en la planta de segadoras de su fábrica en **Chicago**, a finales del siglo **XIX**, un tipo de maquinaria que en aras de la eficiencia técnica eliminó ciertos puestos de trabajo. Estos, según las investigaciones de **Robert Ozanne** citadas por **Winner**, se correspondían principalmente con el trabajo que desempeñaban ciertos líderes del movimiento sindical de forjadores de **Chicago**. En este sentido la utilización de **McCormick** de este tipo de maquinaria es claramente más política que técnica.

Son muchos más los ejemplos, para algunos seguro que parciales, los que podríamos citar y otros tantos los puntos de vista, que ponen de manifiesto la debilidad de la perspectiva determinista con la que acostumbramos a observar la tecnología. Algunos como el enfoque del **Actor-Red** dan un paso más en la superación de esta visión determinista y destacan el protagonismo de los actores tanto **humanos** como **no humanos** –artefactos y técnicas- en los procesos de innovación tecnológica. Si **Winner** nos descubre el error de considerar la tecnología como algo neutral, **Michel Callon** y **Bruno Latour**, desde su perspectiva del **Actor-Red**, nos permiten ver que el dirigismo y el oportunismo tecnocrático falla si no es capaz de percibir la participación activa de los actores –humanos y no humanos- en una determinada dirección.

Michael Callon relata como a principios de la **década de los 70** del pasado siglo, en un contexto que parecía propicio, los ingenieros de la **EDF** (Electricité de France) concibieron la idea de un nuevo coche eléctrico. Recordemos que el primer coche eléctrico[28] que data del año **1899**, fue el primero en alcanzar una velocidad de 100 Km./hora y resultaba mucho más aerodinámico y eficiente, que muchos de los modelos que le sucedieron.

---

[28] El primer coche eléctrico denominado "nunca contento" ya parecía bajo este apelativo destinado a ser superado por el de motor de combustión, a pesar de ser más eficiente y presentar algunas ventajas sobre éste.

"Jamais Contente" (Nunca contento), Camile Jenatzy, 1899

Imágenes Google

Las razones por las que finalmente se impuso el modelo de combustión que ha predominado hasta hoy parecen ser recurrentes a lo largo del tiempo y se ponen de nuevo de manifiesto en el relato de **Callon**. Además de los obvios intereses de la **EDF**, que pretendía aprovechar el ambiente social y cultural del momento en el que proliferaban los movimientos en pro de las energías y modelos sociales alternativos, **Alain Touraine**, el gran teórico de la sociedad postindustrial, se orientaba en la misma dirección. Para **Touraine** sin embargo, la sociedad en este periodo se encuentra estructurada en una lucha social, que enfrenta a los tecnócratas que ostentan el poder, y los consumidores manipulados por los primeros. Bajo estas premisas de oportunidad y correspondencia de un artefacto tecnológico el **VEL** (*voiture electrique*), con un nuevo modelo de sociedad, la ocasión parecía única. Por el contrario, los intereses de **Renault**, iban por supuesto en otra dirección, y su ambición se centraba en convertirse en la primera marca automovilística de Europa. Pero, el análisis de **Pierre Bourdieu** no coincide plenamente con la concepción de **Touraine**, para **P. Bourdieu** la estratificación social se encuentra estructurada en función de las relaciones de poder entre los diferentes grupos, en las distintas esferas sociales. Estas relaciones de poder se manifiestan en diferentes ámbitos, y lo hacen especialmente en el mercado de consumo, en el que el automóvil es uno de los productos que con más intensidad simbolizan el *status* y el poder. Las características del coche con motor de combustión a partir de fuentes de energía fósiles, que le dotan de rapidez y potencia, le confieren un significado social simbólico útil para estas luchas de poder. En un contexto así, no hacen falta muchas más explicaciones –aunque las hay- de por qué un modelo de coche eléctrico no acabó por imponerse. Tampoco lo hizo en **1899** ni en los intentos posteriores, y aun hoy en día este tipo de vehículos suponen poco más que prototipos adecuados para salones de exposición y ferias del automóvil. Las características de los automóviles de gasolina, veloces, potentes, agresivos, contaminantes y brillantes, corresponden a características asociadas al poder, la fuerza y el status en estos contextos sociotécnicos. Por el contrario, un coche eléctrico, pierde fuerza, vigor, autonomía, velocidad y poder. En el imaginario colectivo un coche con estas características no es un instrumento válido como símbolo de ostentación y preponderancia, útil para esta competencia orientada a lograr una posición destacada, en el mercado de consumo. Para que un modelo eléctrico pueda imponerse, se hace necesaria una redefinición simbólica del artefacto, que viene dada por su interacción con un nuevo contexto social orientado por nuevos valores y acuerdos tácitos, entre los intereses de los diferentes actores orientados en esta misma dirección. Por el contrario, en el caso de **VEL**, las expectativas de los ingenieros de **EDF** estaban inadecuadamente orientadas desde el punto de vista teórico, y de sus análisis y presupuestos de partida. Los actores y diferentes elementos implicados no actuaron conjuntamente en la dirección prevista. Los consumidores no se transformaron en *nuevos consumidores*, deseosos de coches menos contaminantes y más seguros, los acumuladores de zinc no se abarataron, los catalizadores no eliminaron la cantidad de contaminación deseada. Tampoco la compañía **Renault** perdió impulso, ni las administraciones locales de los pueblos de Francia clamaron por una tecnología más limpia de transporte.[29]

Este relato resulta tan revelador, que nos pone sobre la pista de algo muy útil para aproximarnos, al menos a una explicación preliminar, de que algo similar puede ocurrir en el mercado tecnológico/inmobiliario respecto al hogar digital. Hecho que serviría para comprender adecuadamente el desencuentro entre oferta y demanda respecto a esta nueva concepción de la vivienda.

Comentamos anteriormente ciertas anécdotas sobre predicciones desacertadas en torno a los procesos y artefactos tecnológicos y la dificultad de realizar pronósticos certeros en este sentido. Las hechas respecto al hogar digital no son una excepción. Respecto a éstas, las detalladas en un estudio realizado por **José Luis Bordás** y **José Félix Tezanos** en el año **1999** resultan muy pertinentes. Y son muy oportunas pues ilustran perfectamente como a medida

---

[29]   Paula Ronderos y Andrés Valderrama "El Futuro de la Tecnología: una aproximación desde la historiografía" en Revista Iberoamericana de Ciencia, Tecnología, Sociedad e Innovación, Nª 5 Enero- Abril 2003 Ed. OEI Organización de Estudios Iberoamericanos, para la Educación, la Ciencia y la Cultura.

que el hogar digital está próximo a hacerse una realidad, las previsiones actuales son más adecuadas a este hecho, mientras que las anteriores de principios de siglo, albergan unas expectativas mayores. Esto refleja como el imaginario colectivo respecto al "hogar del futuro", se ha ido desvaneciendo a medida que este parecía cobrar realidad.

2 EL HOGAR DIGITAL

LAS PREVISIONES DE LOS EXPERTOS

El cualificado análisis de **José Félix Tezanos y Julio Bordas,** sintetiza de una manera muy lúcida e ilustrativa las previsiones de los expertos, a partir de un estudio **Delphi**[30], sobre la "casa del futuro".

De los resultados de este estudio se desprende, que en opinión de los expertos nos encontramos en los umbrales de cambios profundos que van a afectar a las características y contenidos de las viviendas y sitúan estos, en periodos y fechas concretas. Respecto a ello, el proceso inmobiliario se imbrica en un contexto en el que, antes del año **2010**, los expertos consideran que se producirán las siguientes innovaciones:

---

[30]   La técnica **Delphi**, es una técnica cualitativa de investigación social, que a partir de cuestionarios estructurados recoge las opiniones cualificadas de expertos. Esta información se elabora con objeto de llegar a un consenso entre los diferentes puntos expuestos por los mismos. A partir de este proceso se ofrece una visión prospectiva del fenómeno que se analiza, tratando de que esta sirva como marco de concretas actuaciones futuras.

Cuadro 3:

INNOVACIONES QUE SE PRODUCIRÁN ANTES DEL AÑO 2010, CON UNA PROBABILIDAD SUPERIOR AL 75%, ALTA SEGURIDAD ESTIMADA EN LA PREVISIÓN DE LOS EXPERTOS, ACCESIBILIDAD ECONÓMICA Y RELEVANCIA SOCIAL

Áreas de innovación	Elemento innovador
Comunicaciones	Teléfonos que operan con la voz humana, capaces de realizar una agenda inteligente
	Aplicación práctica de sistemas móviles de comunicación personal, que permitirán estar en contacto con cualquiera, independientemente de donde se encuentren
	Seleccionadores automáticos de información para Internet
	Generalización de sistemas de acceso fácil desde la vivienda al uso de todo tipo de servicios a través de la Red
	Máquinas integradas para la vivienda que combinan televisión, teléfono y ordenador
	Generalización de sistemas de teleconferencia
	Contadores de agua, gas, y electricidad conectados a las empresas suministradoras y al ordenador de la vivienda
	Avisadores automáticos de exceso de consumo de agua, gas, electricidad y teléfono
Tecnología	Sistemas automáticos que aumentan o bajan la temperatura según las necesidades del medio
	Sistemas de control remoto y gestión de todas las funciones de la vivienda
Seguridad	Sistemas de detección exterior, que permiten avisar sobre la llegada de visitantes
	Sistemas de detección que permiten identificar peligros exteriores como ladrones, fuego o accidentes
Teletrabajo	Sistemas de apoyo al teletrabajo que permitan realizar desde la vivienda hasta el 30% de todas las tareas necesarias en el sistema productivo
	Sistemas que programen la utilización del teléfono para fax, Internet o módem, en horas de tarifa baja

Ecología doméstica	Extensión del uso de contenedores y envases para uso doméstico realizados con materiales biodegradables
Medio ambiente	Extensión del uso de aislantes altamente eficientes
Sanidad	Sistemas de teleayuda para personas mayores
Ocio	Televisión digital interactiva a la carta, que permita seleccionar programas según los gustos precodificados y elegir variables de desenlace en determinadas películas

Fuente: José Félix Tezanos y Julio Bordás, Estudio Delphi sobre la casa del futuro. P 46

Todo ello configura una situación sociotécnica en la que las principales innovaciones previstas para la vivienda son:

Cuadro 4

PRINCIPALES PREDICCIONES SOBRE INNOVACIONES EN LA VIVIENDA ORDENADAS DE MAYOR A MENOR PROBABILIDAD

Áreas de innovación	Tipo de innovación	Probabilidad de ocurrencia	Periodo de ocurrencia	Seguridad de la predicción (escala de 1 a 5)*
Innovaciones tecnológicas	- Sistemas automáticos que aumentan o bajan la temperatura según las necesidades del medio (temperatura exterior e interior)	81,7 %	2000/2010	4
	- Sistemas de control remoto y telegestión de todas las funciones de la vivienda.	80,9 %	2000/2010	4
	- Sistemas de detección automática de averías en la casa y aviso de inmediato a los servicios de reparación	73,9 %	2000/2020	4
	- Sistemas de control atmosférico y temperatura automáticos e integrales (capaces de controlar la humedad, el calor y filtrar el polen, etc.)	65,0 %	2000/2020	3

45

Innovaciones en seguridad	- Sistemas de detección que permitan identificar peligros exteriores (ladrones, fuegos, accidentes, etc.) con aviso automático a las centrales de alarma.	83,2 %	2000/2010	4
	- Sistemas de detección exterior, que permiten avisar sobre la llegada de visitantes	75,7 %	2000/2010	4
	Puertas y sistemas de acceso inteligentes, capaces de identificar personalmente a los usuarios abriéndose y cerrándose automáticamente	72,4 %	2000/2020	3
	- Sistemas de localización internos, que permitan saber dónde están los miembros de la familia (niños, ancianos, etc.)	64,3 %	2000/2020	4
Innovaciones constructivas	- Utilización de la actual red de distribución eléctrica como base para otros servicios	70,1 %	2000/2020	3
	- Utilización de sistemas y modos de construcción de viviendas que incorporen modelos de revisión y mantenimiento regulares (similar al de los automóviles)	68,6 %	2000/2020	3
	- Dotaciones comunes dentro de los edificios de viviendas (gimnasio, etc.)	65,2 %	2000/2020	3
Innovaciones medioambientales	- Extensión del uso de materiales altamente eficientes	79,7 %	2000/2010	4
	- Aplicación práctica de sistemas acondicionadores de temperatura altamente eficientes, mediante la combinación de energía solar y bombas de calor	64,3 %	2000/2020	4

* 5 muy seguro, 4 bastante seguro, 3 seguro, 2 poco seguro, 1nada seguro
Fuente: José Félix Tezanos y Julio Bordás, Estudio Delphi sobre la casa del futuro. P 51

El periodo prospectivo que han evaluado los expertos abarca desde la actualidad hasta el horizonte del **2020**, subdividido en tres periodos:

Hasta el 2010

Cuadro 5
INNOVACIONES EN LA VIVIENDA DEL FUTURO ESCENARIO HASTA EL AÑO 2010 "LA CASA MODERNA"

Áreas de innovación	Tipos de innovaciones principales	Probabilidad de ocurrencia
La casa electrónica	- Sistemas automáticos capaces de subir y bajar la temperatura según las condiciones del medio - Sistemas de control remoto y telegestión de la vivienda	82 % 81 %
La casa baluarte	- Sistemas de detección de peligros exteriores y aviso a centrales de alarmas - Sistemas de detección de la llegada de visitantes	83 % 76 %
La casa con buen aislamiento	- Extensión del uso de materiales aislantes altamente eficientes	80 %

Fuente: José Félix Tezanos y Julio Bordás, Estudio Delphi sobre la casa del futuro. P. 64

Del 2010 al 2020

Cuadro 6
INNOVACIONES EN LA VIVIENDA DEL FUTURO ESCENARIO SITUADO EN EL PERIODO 2010/2020 "LA CASA SEGURA"

Áreas de innovación	Tipos de innovaciones principales	Probabilidad de ocurrencia
La casa electrónica	- Sistemas automáticos de detección de averías y aviso para su reparación - Sistemas de control atmosférico para regular la humedad, temperatura y filtrar el polen	74 % 65 %
La casa baluarte	- Puertas capaces de identificar a sus usuarios abriéndose y cerrándose automáticamente - Sistemas de localización internos, que permitan saber dónde están los miembros de la familia (por ejemplo, niños y ancianos)	72 % 64 %

La casa con buen aislamiento	- Sistemas climatizadores que combinen la energía solar con bombas de calor	64 %
La casa rehabilitable	- Utilización de la actual red eléctrica como base para canalizar otros servicios	70 %
	- Implantación de sistemas y modos de construcción que incorporan modelos de revisiones y mantenimiento regulares (similar a los automóviles)	69 %
		65 %
	- Equipamientos colectivos dentro de los edificios	

Fuente: José Félix Tezanos y Julio Bordás, Estudio Delphi sobre la casa del futuro. P. 65

En el horizonte del 2020
Cuadro 7

INNOVACIONES EN LA VIVIENDA DEL FUTURO ESCENARIO SITUADO EN EL HORIZONTE 2020 "LA CASA SENSIBLE"

Áreas de innovación	Tipos de innovaciones principales	Probabilidad de ocurrencia
La casa electrónica	- Sistemas automáticos capaces de prever cambios atmosféricos y tomar medidas preventivas	74 %
	- Utilización de sensores biométricos para la identificación personal en el acceso a las viviendas	65 %
La casa aislada	- Sistemas de control y aviso de contaminación atmosférica	72 %
	- Sistemas capaces de prevenir y evitar la propagación de ácaros, moho, etc.	64 %
La casa rehabilitable	- Desarrollo de materiales dotados de sensibilidad a la humedad y temperatura y que pueden regular la temperatura	70 %
	- Desarrollo de materiales inteligentes capaces de advertir sobre posibles fallos	69 %
	- Desarrollo de materiales e instalaciones inteligentes capaces de realizar autoreparaciones	65 %
	- Utilización de vidrios irrompibles que podrán filtrar o matizar la luz exterior según los gustos y los deseos de los usuarios	

Fuente: José Félix Tezanos y Julio Bordás, Estudio Delphi sobre la casa del futuro. P. 66

Como puede observarse, en cada uno de estos periodos se hace referencia directamente, a elementos constructivos y otros, que aunque de modo indirecto, inciden también en cambios relevantes en las viviendas. De este modo, las imágenes de un hogar tecnológico recreadas tantas veces en el imaginario colectivo a través de la ciencia ficción, parecen más cercanas.

De acuerdo con los cuadros sinópticos anteriores, el gráfico siguiente refleja la realidad de una vivienda tipo contemporánea, prevista para los próximos años, a partir de las conclusiones del estudio de **Tezanos** y **Bordás**.

Gráfico 1

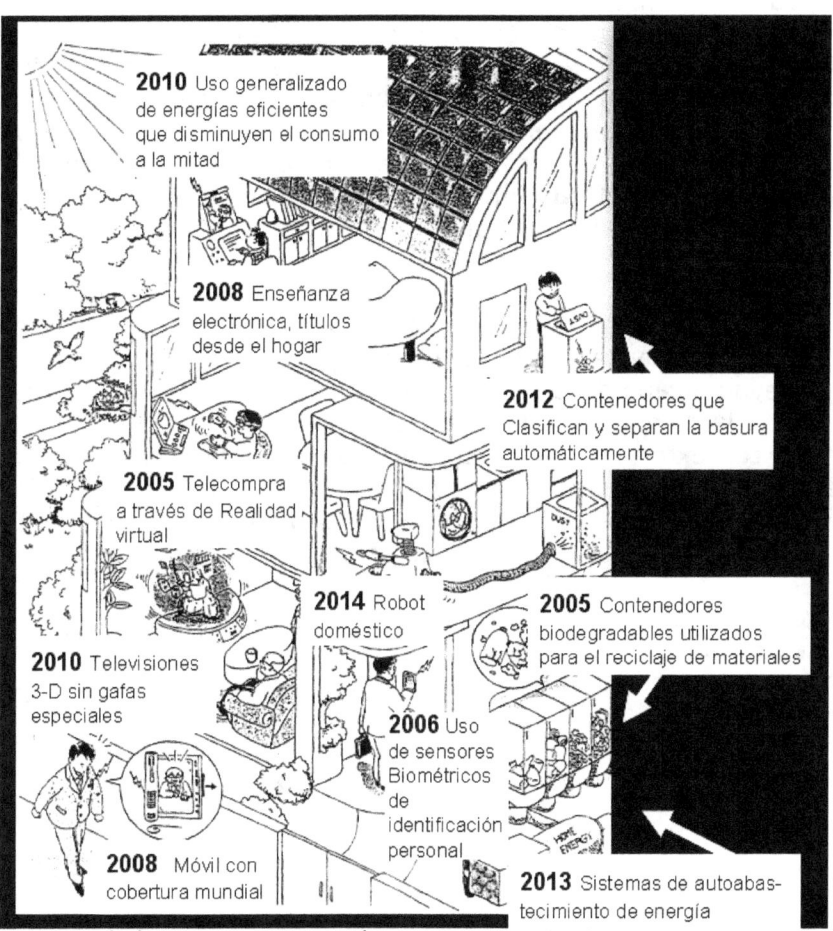

Fuente: José Félix Tezanos y Julio Bordás, Estudio Delphi sobre la casa del futuro. CIS P. 136

Por el contrario, el contraste con la realidad no confirma las expectativas previstas. Hay que señalar además, respecto a este estudio, que uno de los objetivos del mismo es comparar los resultados obtenidos en análisis similares realizados en **Japón** y **Estados Unidos**. A pesar de que estos países representan la punta de lanza de de las innovaciones relativas la hogar digital, las previsiones realizadas en periodos anteriores, utilizando la misma metodología, no se vieron reflejadas en la práctica. Este hecho pudo influir de un modo u otro en las posteriores previsiones de los expertos, que de nuevo han ido más allá que la realidad. El observador puede evaluar ahora, cuáles de las innovaciones previstas para estas fechas son verosímiles en mayor medida, o cuáles considera más lejanas. O incluso si alguna ha sido superada en menor tiempo del previsto, y puede intentar entrever una explicación plausible de estos hechos, desde la perspectiva constructivista. Por ejemplo, las tendencias formativas hacia el e-learnig, tanto en ambientes educativos, como en contextos domésticos, han evolucionado en gran medida sin necesidad de llegar al umbral del **2008**. Por el contrario los sensores biométricos de identificación personal aplicados al hogar, técnicamente disponibles, aun parecen artefactos de ciencia ficción.

Han pasado algunos años desde el **2000** pero el mercado del hogar digital avanza muy lentamente. El desajuste entre los esfuerzos que se llevan a cabo desde diversas instancias, tanto públicas como privadas, y la demanda real, parece cada vez mayor y sin solución. En un contexto sociotécnico caracterizado por una visión generalizada de *triunfalismo tecnológico,* que se cuela en todas las esferas de lo social, el ámbito doméstico se muestra como reducto de actitudes tecnófobas. Las razones de este hecho van más allá de esta cuestión y son más profundas y complejas. Para comprenderlas se hace necesario un análisis de los actores sociales implicados, de sus motivaciones e intereses, de las diversas iniciativas al respecto y de las tendencias sociales actuales, que recaen en el mercado tecnológico e inmobiliario. Para ello, es necesario valorar la importancia de los diferentes agentes sociales y sus complejas relaciones, así como su contexto sociotécnico.

ACTORES IMPLICADOS EN EL PROCESO INMOBILIARIO DEL HOGAR DIGITAL

En primer lugar, es necesario partir de una caracterización esquemática de los actores implicados en el proceso inmobiliario, para comprender la repercusión que los elementos de innovación tecnológica pueden suponer. Este es un punto relevante, pues sirve a la vez de análisis y base, al cálculo de los costes no únicamente económicos, de implementación de estas innovaciones en el proceso constructivo global.

A partir de estos elementos, puede explicarse mejor, cómo el cambio en la acción de uno de estos agentes modifica toda la interacción entre ellos, condicionando el proceso de producción final y estado actual en que éste se encuentra.

Cuadro 8

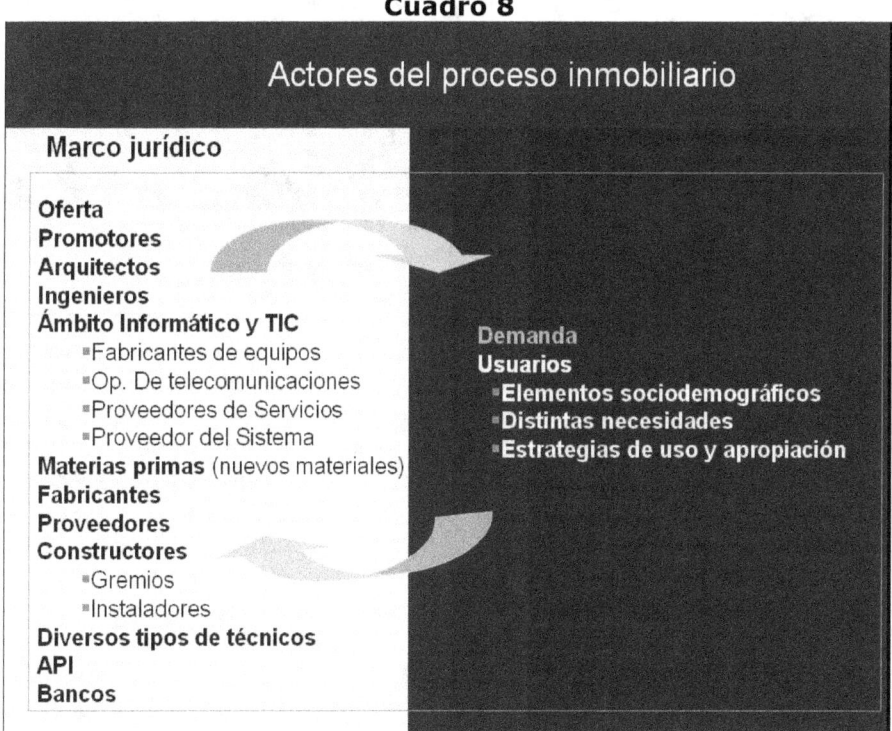

Fuente: Elaboración propia

Esta primera aproximación se completa con la exposición de **Lorente** que añade algunas consideraciones más, que pueden resultar de interés.

Gráfico 2

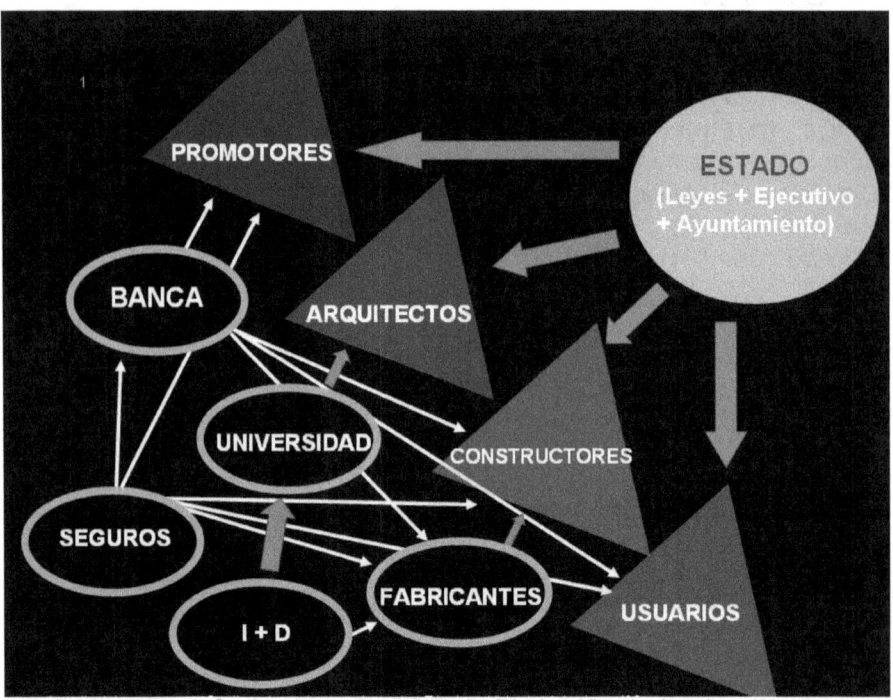

A partir del esquema de Santiago Lorente para Jornadas Técnicas Virtuales Interdomo '02

De cualquier modo, el proceso de promoción inmobiliaria se inscribe en un marco legal que supone un elemento determinante en la actuación de los promotores. Este marco cambiante, pero de obligado cumplimiento, al que los promotores deben ceñirse adecuando así su oferta, también incide en el resto de los actores implicados en el proceso. Todos estos agentes del proceso constructivo, configuran un sistema en el que cambios en la acción de alguno de ellos, condicionan las actuaciones de los demás. De este modo, es interesante analizar cómo la implementación de los elementos de innovación que se han de tratar, repercuten en cada uno de los agentes implicados y en sus relaciones. Cada elemento de innovación, encuentra así, resistencias e impulsos para su aplicación y es estimulado o frenado por diversos agentes del proceso, en función de sus necesidades e intereses concretos. Estos intereses enfrentados en el mercado, se resuelven al fin por

52

la influencia y relevancia de unos u otros actores en cada caso, configurando así una oferta determinada: un tipo de vivienda con unas características concretas. En este contexto, uno de los actores relevantes es el promotor inmobiliario como *configurador* de la oferta, y por ende y al mismo tiempo de la demanda.

LA OFERTA

El papel del promotor como *configurador* de la demanda

El promotor inmobiliario es uno de los principales agentes en la configuración de la demanda en este sector, de modo que se convierte por ello, en un importante agente social. El promotor configura en colaboración con instancias institucionales y otros actores del mercado inmobiliario, espacios y entornos de convivencia e interacción social. Y es precisamente esta función, de la que debe tomar conciencia, la que le otorga un papel social relevante.

El promotor inmobiliario orienta sus actuaciones hacia la obtención de beneficios, para lo que ha de tener en cuenta fundamentalmente:

- El marco legal en el que se inscriben estas actuaciones
- Información sobre el mercado inmobiliario
- Información sobre sus competidores
- Información sobre la demanda
- Información de las actividades del resto de actores implicados en el proceso de construcción (fabricantes, materiales, arquitectos, proveedores, instaladores, etc...)

Todos estos elementos configuran un sistema, en el que cambios y evoluciones en alguna de sus partes, repercuten en el resto, condicionando su funcionamiento y equilibrio.

Así, el promotor consciente de esta realidad, combina estos elementos orientándolos a la obtención del máximo beneficio, lo que tiene como resultado una configuración de la oferta con unas características determinadas. Estas características cambian a medida que se producen transformaciones en unos u otros elementos del sistema. De este modo, cambios en el marco legal, alteraciones en el precio del suelo, innovaciones tecnológicas, nuevos usos por parte de la demanda, etc., configuran nuevos contextos de actuación, que restringen y condicionan las futuras iniciativas de los promotores. En este caso y siempre bajo la premisa del beneficio económico, los promotores se ven impelidos a modificar la oferta en la dirección que apunta el mercado y el resto de agentes implicados. El promotor reestructura todas estas exigencias y modifica la oferta reequilibrando así de nuevo, las funciones del sistema y éste en su conjunto. Esta estabilidad se altera de nuevo por la propia dinámica del sistema en la que sus distintos componentes evolucionan y se modifican constantemente, por estímulos propios y/o exteriores al sistema.

Actualmente, nos encontramos en un momento en el que se están produciendo simultáneamente, profundas transformaciones en distintas partes del sistema. Ello hace necesario un análisis de la situación, que permita proveer a los actores implicados, de información suficiente para orientar sus futuras iniciativas.

Estas transformaciones a las que aludimos, provienen de diferentes ámbitos que estructuran las tendencias actuales, destinadas a influir en la configuración de la oferta inmobiliaria a corto y medio plazo.

Entre otros aspectos relevantes, es necesario destacar, la creciente **preocupación por el medio ambiente**, el desarrollo y generalización de **innovaciones tecnológicas**, los **cambios sociodemográficos**, los diversos **estilos de vida** en este contexto y las **nuevas visiones sobre la vivienda**. Todos estos cambios del contexto social tienen su correspondencia espacial. Así, del mismo modo que cambian las actitudes y valores sociales, cambian los espacios en los que éstos se desarrollan. Indudablemente, de estos aspectos o influencias el más llamativo y difundido por los medios de comunicación es el tecnológico. De este modo, la imagen de lo que se ha denominado "la vivienda del futuro" queda indisolublemente unida a la implementación de las nuevas tecnologías en el hogar. Aun siendo este un aspecto relevante, no influye únicamente de manera directa a través de su aplicación **domótica**, pues las nuevas tecnologías aplicadas a la **producción de materiales**, y las **transformaciones sociales** debidas al desarrollo de las **telecomunicaciones**, son aspectos determinantes de un nuevo **concepto de vivienda**.

A este respecto, el promotor como agente social y *configurador* de la demanda inmobiliaria, debe tomar conciencia de su papel y de cómo todos estos cambios van a afectar a su actividad. Como decimos, todas estas transformaciones asociadas a la Sociedad de la Información, tienen consecuencias concretas sobre nuestra visión de los entornos espaciales. El concepto de espacio virtual y tecnológico cobra sentido en este nuevo contexto social, cambiando por ello nuestra percepción del espacio físico inmediato. De este modo las funciones y distribución de las estancias de las viviendas cambiarán y se adecuarán a las necesidades de sus nuevos moradores. En esta situación cobran especial importancia las infraestructuras y dispositivos tecnológicos en el hogar en detrimento de los espacios físicos concretos. Todo ello en definitiva se traduce en la creación de viviendas funcionales para sus moradores, lo que a menudo significa menor espacio con una distribución más flexible, pero de mayor calidad y con mejores dotaciones e infraestructuras tecnológicas. El promotor debe de ser consciente de que su oferta ya no se ceñirá a la configuración de espacios físicos concretos, sino de entornos habitables, en los que nuevas variables cobran especial significado. Deberá pues enfocar su oferta a la promoción de espacios en los que, la calidad y características de los servicios y prestaciones que se desenvuelvan en ese entorno, son tan o más importantes que el propio espacio físico.

Así, promotores y constructores han de tomar en consideración estos nuevos cambios que los convierten en proveedores de nuevos "espacios tecnológicos". Han de acostumbrarse a que la **tecnología y** las **telecomunicaciones** son **nuevos elementos constructivos** no únicamente relacionados con el espacio físico de la vivienda, sino con el lugar que ésta ocupa en un espacio virtual de la red global: **Internet**. La casa, ocupa simultáneamente un espacio físico y gracias a las nuevas tecnologías, también un espacio virtual. Es la implementación de estas nuevas tecnologías la que hace esto posible y del mismo modo condiciona el espacio físico con la introducción de estos nuevos elementos.

Además y como veremos, la implementación de nuevas tecnologías en el hogar no es la única tendencia que empuja hacia una nueva concepción en la vivienda. Si bien es cierto que el desarrollo tecnológico está sirviendo de catalizador de casi todas estas tendencias, no debemos olvidar que cada una de ellas por si sola tiene su incidencia espacial en esta nueva concepción del habitar humano.

En este contexto, lo que interesa al promotor es conocer estas innovaciones de un modo concreto y en lo que respecta a su implementación precisa en las viviendas. También le interesa conocer los costes que ello supondrá y las dificultades para encontrar proveedores, instaladores, etc., ya que ello altera sustancialmente su sistema de trabajo. De este modo, únicamente incluirá estas innovaciones si su rentabilidad supera todos estos obstáculos. Esto caracteriza su actitud conservadora en la mayor parte de los casos, que al mismo tiempo se encuentra sujeta a la necesidad de facilitar una oferta diferenciada y competitiva en el mercado. Esta doble presión a la que se ven sujetos los promotores, hace que estas innovaciones sólo se generalicen cuando por iniciativa de las grandes, o más innovadoras promotoras, el resto se ven obligadas a ello. Así, las promotoras capaces de asumir mayores riesgos, o las que ven como única salida la adopción de estas innovaciones, para diferenciarse en el mercado y obtener ventajas competitivas, son las que primero adoptarán este tipo de medidas. Esto, produce a la larga un "efecto contagio" ya que esta actitud se configura como la única posible para sobrevivir en el mercado. Además de ello, la difusión de estas innovaciones si es asumida por la demanda, puede convertirse en un elemento fundamental de ésta. La implementación de estas innovaciones una vez conocida y bien aceptada por la demanda, se puede convertir a medio plazo a ojos de los consumidores, en un elemento imprescindible de la vivienda.

En este sentido, los promotores tienen siempre el interés en anticiparse a la demanda, pero realmente esta es una concepción errónea. Por el contrario, los promotores deben tomar conciencia de su papel en el mercado inmobiliario como configuradores de ésta. Los promotores estructuran la demanda a través de la oferta; esto es lo que los economistas denominan una **relación de**

agencia incompleta[31]. Ello quiere decir, que la demanda es inferida por parte del proveedor del servicio, dado que el consumidor no tiene, o no puede tener, información suficiente y válida para establecer por si mismo la demanda. De este modo, es el promotor el que con su oferta condiciona la demanda, y no viceversa. Potencialmente, son muchas las diferentes formas que puede adoptar la vivienda como entorno básico del habitar humano, pero en el mercado, las que provee el promotor, aparecen como únicas posibles.

Por otra parte, todos los consumidores creen conocer cómo es su *casa ideal*, imagen que se han forjado a través de los valores sociales y modas de las distintas épocas asociadas a la vivienda, pero no tienen generalmente mayor información. Sus ideas a menudo no resultan funcionales, no son posibles arquitectónicamente; tampoco conocen los distintos materiales de construcción, los requisitos técnicos de edificación, la legislación vigente, etc., de modo que perciben las viviendas ofrecidas por los promotores como las *mejores* y *únicas posibles*. Es así como los consumidores acomodan su imagen, de *la casa de sus sueños*, a la oferta del mercado, y en esta adecuación sí manifiestan ciertas preferencias por determinados elementos funcionales y/o ornamentales. Debido a ello, esta acomodación se expresa en uno de los aspectos más conflictivos de la relación promotor-comprador: el espinoso tema de las reformas.

Toda esta argumentación tiene por objeto que el promotor valore su posición real como *configurador* de la demanda y no considere desacertadamente que el consumidor, es capaz de articular una demanda estructurada, que responda realmente a sus intereses. El

---

[31]   Cuando hablamos de relación de agencia incompleta, nos referimos a que esta concepción puede ser útil para explicar la relación entre promotor y comprador, pues aunque sea de modo parcial, en el mercado inmobiliario se dan ciertas condiciones de relación entre estos actores, que nos permiten hablar en estos términos. A este respecto, las características básicas de las situaciones donde podemos hablar de relación de agencia incompleta son:
- Problemas de información incompleta entre el proveedor y el usuario del servicio
- Clima de incertidumbre en el que se toman las decisiones tanto por parte del provisor como del usuario
- En estos casos la relación de agencia se hace prácticamente inevitable, compleja e incompleta

comprador no puede demandar elementos constructivos, espacios, servicios, prestaciones, tipos de vivienda de los que no conoce su existencia o posibilidad. Así, en muchas ocasiones las demandas manifestadas por los consumidores están más relacionadas con aspectos relativos a su imagen ideal de la vivienda, que a sus necesidades reales. Únicamente un análisis adecuado de los usos y apropiación de espacios que los usuarios hacen en sus viviendas, nos permitiría conocer sus necesidades funcionales reales. Aun así, la falta de información técnica por parte de la demanda junto a otros aspectos, no permite superar esta relación de agencia incompleta, que es la base del intercambio entre promotores y compradores. En la actualidad, en la práctica, todo ello se reduce a la resistencia general de los promotores inmobiliarios, que no ven la necesidad de implementar nuevas tecnologías en sus promociones. Uno de los aspectos más engorrosos de la actividad empresarial de estos actores, lo constituye su responsabilidad posterior a la entrega de la obra. Si esta se acrecienta por las prestaciones domóticas que pueden ofertar, el beneficio debiera superar con creces este riesgo que no se ve necesario. Por ello, dicha implementación se realiza en las construcciones más caras en las que el margen de beneficio suele ser mayor. A esto debemos añadir ciertas reticencias por parte del comprador, que "desconfía" de la respuesta del promotor respecto al servicio y mantenimiento de la implementación de dichas tecnologías. Todo ello puede ir produciendo un *prescriptor negativo* que va configurando una imagen perjudicial de las tecnologías domóticas aplicadas al hogar, ya de por si socialmente complejas de implementar. Por el contrario, tecnologías relacionadas con el entretenimiento y las telecomunicaciones irrumpen en el ámbito doméstico con extrema facilidad y su imagen social de *deseabilidad* es una de las más altas.

La oferta tecnológica en promociones inmobiliarias como valor añadido e innovación

Es interesante destacar que, paradójicamente, cuando los desarrolladores, ingenieros, técnicos e informáticos hablan ya de la "**Casa Red**", "**casa inteligente**", etc., la implementación de sistemas domóticos sigue siendo minoritaria en nuestras viviendas. Muchas son las razones de ello, aunque los tecnólogos sigan sin explicárselo, y no puedan comprender por qué cuando una tecnología está lista, no tiene la aceptación esperada. Detrás de ello se esconden falsas percepciones sobre la demanda, insuficientes estudios de mercado al respecto, y una gran brecha de incomprensión y falta de colaboración entre técnicos y sociólogos, arquitectos, etc.,..Así y como señala **Joaquim Juan i Albalate**[32], la orientación de los especialistas y técnicos es marcadamente **tecnocéntrica** dejando de lado consideraciones **antropocéntricas**, indispensables para lograr una eficiencia funcional de la aplicación tecnológica. A pesar de ello, algunos de los estudios realizados al respecto, arrojan ciertas consideraciones a tener en cuenta antes de lanzar al mercado la implementación de sistemas domóticos.

Cuadro 9

Demandas habituales en la Domótica
Facilidad de uso y aprendizaje
Entendible
Alcanzable
Modular y ampliable en un futuro
Fácil de instalar/seguimiento de la filosofía "Plug & Play"
Ahorro de tiempo
Optimizar la seguridad en el hogar
Apto para gente mayor
Integrado en la vivienda (diseño)
Servicio post-venta al usuario

Fuente: Informe Prohome Pág. 20

---

[32]   Joaquim Juan i Albalate "Las disfuncionalidades del tecnocentrismo en el diseño de las tecnologías".

En síntesis, el problema de la aceptación de las tecnologías es una cuestión social más que técnica. De este modo, el filtro social de la demanda sigue los criterios citados, y por encima de ellos, en el de necesidad percibida y utilidad. Y es respecto a estos, donde se observa un mayor desequilibrio entre fabricantes, proveedores y usuarios. De este modo, y como se desprende de la mayor parte de los estudios, la introducción de los sistemas domóticos se realizará paulatinamente y comenzando por las funciones relacionadas con la **seguridad, entretenimiento** y **gestión de energía.**

Otra de las aportaciones que nos ofrecen diversos estudios y que actualmente cobra una extraordinaria importancia, es la referida a la convergencia de desarrollos tecnológicos. **Meyer & Schultz**[33] consideran que "El nexo tecnológico de la casa con las autopistas de la información es una condición *sine qua non*". Indudablemente, esta conexión supone un punto de inflexión en la implementación de tecnología en el hogar convirtiendo una casa domotizada en una **Casa Red**, lo que hemos denominado en términos de **Lorente** y **Castells** "factoría *informacional*". Es decir, en un punto más de la red global, en un hogar inter-multicomunicado. Este hecho debería augurar un despegue y aceleración extraordinaria de las aplicaciones domóticas al hogar, en los próximos años, que ahora sólo se percibe incipiente. Ello, debería relanzar el mercado de este tipo de productos, en el que hasta ahora se observaba un gran desfase entre oferta y demanda, lo que induciría a transformaciones en otros niveles, como los arquitectónicos etc. En este sentido, dos son los retos fundamentales que se deben superar y a los que actualmente se orienta la configuración de la oferta:

- **Homologación** de los protocolos de comunicación entre los componentes de los sistemas domóticos

- Creación de **ambientes inteligentes**, cuya característica principal es la transparencia de la tecnología para los usuarios (tecnología no *intrusiva*). No se trata de construir una casa repleta de artefactos extraños y ajenos a sus

---

[33]   Meyer, S. & Schultz, E. (1996) *The Smart Home in the 1990s. Acceptance and future usage in private households in Europe"*, in: The Smart Home: Research Perspective. The European Media Technology and Everyday Life Network (EMTEL). Working Paper No. 1. University of Sussex

habitantes, complicados de manejar, sino de crear un entorno amable, que satisfaga sus necesidades.

Como hemos argumentado anteriormente, la implementación de tecnología en el hogar se refiere a dos aspectos que convergen hacia el horizonte de la **Casa Red**, estos son: la **domótica** y **la integración de las TIC**[34] en el hogar. En este sentido, es de destacar que el hogar se hace cada vez más tecnológico pero no domótico. Queremos con ello decir, que la introducción de las nuevas tecnologías en el hogar es patente, pero no las de sistemas domóticos relacionados directamente con la estructura y funciones de la vivienda. Por ello, es conveniente considerar la orientación del futuro mercado, a servicios o funciones que aprovechen la infraestructura tecnológica mínima que proveerá el constructor, con las otras tecnologías, de las que ya disfrutan las familias y con las que están más familiarizados: Internet, televisión y telefonía, (infraestructuras de banda ancha, e instalaciones de servicios de telecomunicaciones relacionados con el ocio, video a la carta, múltiples canales, etc.). A través de estos dispositivos se trataría de desarrollar servicios y aplicaciones que superen los aspectos de seguridad, confort y mantenimiento, tal y como se ofrecen hoy en día, y que la mayor parte de los consumidores *no ve necesarios* o deseables al coste que se ofrecen.

Si observamos la evolución de las instalaciones de la vivienda en la oferta inmobiliaria, es indudable que han ido mejorando con el tiempo en cantidad y calidad y siempre en la dirección de proporcionar una mayor seguridad y confort a los usuarios. Del mismo modo, las instalaciones externas a la vivienda y que forman parte de los conjuntos residenciales han ido mejorando en la misma dirección y proporcionando más y mejores servicios a los inquilinos. En la actualidad, los estudios indican que entre las instalaciones que debieran ofrecerse como mejoras en las viviendas, la facilidad de acceso a las nuevas tecnologías (adecuado cableado, calefacción adaptada a las nuevas tecnologías, nuevas antenas, dispositivos, conectores, sensores, etc.), es prioritaria. En este sentido, la domótica y el nuevo mercado de redes domésticas, deberán considerar su correcta inclusión en la vivienda para que sean aceptadas por los usuarios como elementos imprescindibles, sin necesidad de mejora.

---

[34]   Tecnologías de la Información y Comunicación

Sintetizando lo anterior, las implicaciones concretas a considerar por promotores y constructores en la implementación de nuevas tecnologías en la oferta del mercado inmobiliario, que se desprenden de los estudios llevados a cabo por el **Instituto CERDÁ** para el mencionado **Proyecto Prohome**, son:

Cuadro 10

Equipos domésticos básicos	Equipos considerados esenciales
Lavadora	Calefacción individual
Lavavajillas	Teléfono inalámbrico
Microondas	Acumulador de agua
Cocina	Programadores de calefacción
Horno	Secadora de ropa
Frigorífico	Aire acondicionado
Cafetera	Videoportero
Ordenador	Antena parabólica
Línea telefónica	ADSL
Toma de antena de televisión	
Calentador de agua o agua caliente central	

Fuente: Proyecto Prohome, p. 18

Cuadro 11

Requisitos básicos	Requisitos opcionales
Funcionalidad	Marca
Precio	Diseño
Calidad	Tecnología
Durabilidad	Gama de una misma marca
Sencillez de manejo	
Facilidad de limpieza	

Fuente: Proyecto Prohome, p. 18

- Los sistemas deben ser fáciles de usar y de aprender en su manejo. Ambos aspectos no tienen por que ser equivalentes y cumplirse a la vez. Un sistema sencillo de uso puede ser complicado de utilizar, y viceversa.

- El sistema debe ser, a la vez, fácil de entender y alcanzable por parte de cualquier usuario de la vivienda. En caso contrario, puede crear confusión y rechazo en algunos de los integrantes de la vivienda.

- La *modularidad*, es decir, la posibilidad de ir ampliando poco a poco las prestaciones del sistema frente a sus posibilidades económicas, deseos o necesidades, es un aspecto clave.

- Además, el sistema debería ser compatible con nuevos y futuros desarrollos, asegurando que el sistema instalado en la vivienda no quedará obsoleto con el tiempo frente a nuevas necesidades de los usuarios. Este es uno de los aspectos que habitualmente se ha venido escuchando por parte de promotores inmobiliarios, y que han limitado la introducción de tecnología.

- En algunos círculos se estima interesante el seguimiento de la filosofía de *Plug & Play*, muy ligada a aplicaciones de bricolaje. Sin embargo, es importante apuntar que, a pesar de la sencillez de esta solución, la implantación de un sistema domótico en la vivienda requiere un mínimo de instalación, que puede mermar las ventajas de este sistema al precisar de un especialista en la vivienda (por ejemplo, para la colocación de una electroválvula de corte de suministro de agua o gas).

- La integración del sistema domótico en el resto de instalaciones de la vivienda es una cualidad cada vez más considerada por los distribuidores y fabricantes. En los últimos años, el mercado ha realizado un esfuerzo considerable en este aspecto, lo que beneficia la disponibilidad de una vivienda atractiva para el usuario.

- Evidentemente, el sistema debe adaptarse a las distintas tipologías de usuarios en la vivienda, asegurando, como se ha descrito anteriormente, que pueda ser fácilmente utilizable por cualquier persona, evitando posibles frustraciones por incapacidad de entender y usar el sistema.

- El usuario no puede quedar desprovisto de un servicio de mantenimiento que asegure el óptimo funcionamiento del sistema domótico con el paso del tiempo. Éste es otro de los aspectos que puede condicionar fuertemente a los promotores inmobiliarios (o usuario final si es el contratante del producto), que precisan de unas garantías mínimas para asegurar que su cliente final no estará desprotegido, evitando que el sistema sea desconectado porque no exista quien pueda arreglarlo o mantenerlo. Considerando la obsolescencia de este tipo de tecnología este es un aspecto prioritario.

• Se detecta una mayor aceptación e intención de compra, en usuarios que ya disponen o han disfrutado de un sistema domótico en su vivienda, respecto a los que no, como respuesta lógica a un disfrute e interiorización de sus ventajas y beneficios. Este cambio de opinión también se observa en otras aplicaciones como, por ejemplo, el control a distancia de la calefacción mediante teléfono o Internet.

Además de ello, y no únicamente desde el punto de vista de las instalaciones e infraestructuras, la introducción de tecnología en el hogar condiciona y transforma la distribución y usos de los distintos espacios de la vivienda. El **Proyecto Prohome** recoge del siguiente modo las transformaciones previsibles para cada estancia de la casa. Muchas otras iniciativas, como el **Proyecto Brasilia** que detallaremos más tarde, también especifican las condiciones y modificaciones espaciales para cada estancia de la vivienda a partir de la implementación de nuevas tecnologías en el hogar.

Cocina-office

La cocina ha sido tradicionalmente un lugar privilegiado de convivencia y del que originalmente se desprende la idea de hogar. Paradójicamente los avances tecnológicos aplicados a la vivienda devuelven a la cocina su lugar preeminente. La configuración de esta dependencia se verá transformada por la multiplicidad de dispositivos y **electrodomésticos domotizados** que se instalarán el ella. De hecho muchos de los sistemas domóticos implementados en el hogar, en las nuevas promociones inmobiliarias, sitúan **múltiples dispositivos** y el **centro de operaciones vía pantalla táctil** en esta habitación. Las funciones básicas de estos sistemas se orientan fundamentalmente a proporcionar seguridad y confort a los habitantes de la vivienda.

Cuadro 12

Prestaciones domóticas para la cocina-office
Detección de fugas de gas con corte de suministro
Detección de escapes de agua con corte de suministro
Sistema de control de difusión de audio

Fuente: Proyecto Prohome, p.36

Así, el **equipamiento básico** de la cocina incluirá equipos de bajo consumo, es decir, con etiquetaje energético A o B, con nuevas funciones de control y prestaciones de supervisión remota (aviso de mantenimiento, mantenimiento preventivo, etc.).

Salón-comedor

Paulatinamente el salón comedor ha ido perdiendo la función de comedor para convertirse en espacio privilegiado de ocio, entretenimiento y reunión.

De este modo en el hogar digital ocupa una posición destacada ya que los usos de esta estancia están condicionados por las instalaciones concentradas en ella. Estas instalaciones están relacionadas con la telecomunicación, el ocio, y también la gestión y control de la vivienda

Respecto a esta estancia el equipamiento básico incluye fundamentalmente aplicaciones de las **TIC** relacionadas con funciones interactivas en el **televisor**, en conexión con el "Home PC" o vía "Set Top Box" , el **vídeo bajo demanda**, el audio bajo demanda, los **juegos en red** y de interactividad

Dormitorio principal

Al igual que en el resto de las partes de la casa, las instalaciones previstas condicionarán su uso y configuración

Cuadro 13

Instalaciones del dormitorio principal
Acceso a señales de televisión (televisión digital terrestre, videoportero, magnetoscopio o DVD, etc.)
Sistema de difusión de audio y control de equipos
Telefonía (interior y exterior)
Funciones básicas de control remoto o de tipo domótico (especialmente, el control de la climatización e iluminación)

Fuente: Proyecto Prohome, p.37

Por tanto, el equipamiento básico de esta estancia, corresponde a las instalaciones descritas: **televisor**, **sistema de difusión sonora**, **teléfono**, **mandos a distancia** y elementos **sensores** para aplicaciones domóticas, **iluminación eficiente** (bajo consumo), etc.

Habitación multi-uso

Este espacio dedicado a despacho estudio y dormitorio ocasional de invitados, cobra junto a la cocina y salón especial relevancia por los usos y funciones que se desarrollarán crecientemente en él, debido a la implementación de la tecnología. Su característica arquitectónica y funcional por su propia naturaleza, deberá ser flexible ya que debe de albergar eventualmente **diversas tareas**. Son esenciales en esta estancia los aspectos relacionados con el diseño capaz de integrar diversas funciones, **trabajo**, **ocio**, **descanso**, **ergonomía**, **confort**, **ventilación iluminación**, etc.,..

El equipamiento básico en este caso es:

Cuadro 14

Instalaciones de la habitación multi-uso
Infraestructura para servicios de comunicación e información (posible ubicación del gateway doméstico o pasarela de comunicaciones)
Conexión a redes de comunicación
Adecuación de instalaciones básicas (por ejemplo, alta conectividad eléctrica)
Conexión a red de audio y video

Fuente: Proyecto Prohome, p.38

Dormitorio individual

La función de esta habitación tradicionalmente sólo dedicada al descanso ha ido adquiriendo, debido a los crecientes procesos de individuación de los miembros de la familia, otras funciones complementarias. Por ello, actualmente presenta unos usos que superponen las **funciones** de lo que se ha denominado habitación **multiuso** y el dormitorio. De este modo las instalaciones básicas condicionadas por esta situación y los procesos de individuación creciente que también condicionan el diseño y el tamaño de esta dependencia, incluyen: **conexión a la red doméstica**, el **acceso a Internet**, **alta conectividad eléctrica**, etc.

Cuarto de baño

En esta zona dedicada a la higiene y cuidados personales, son de destacar los aspectos de accesibilidad y movilidad de las personas, por lo que las instalaciones deberán orientarse a la reducción de barreras arquitectónicas y fomento del confort: climatización adecuada a su entorno, una ventilación y evacuación eficiente de vapor de agua y olores, detección de escapes de agua con corte de suministro, etc., además de sistemas de recepción, emisión y demás dispositivos para servicios de telemedicina.

Pero en definitiva, el que estas configuraciones espaciales concretas, sean o no una realidad, que ya se va perfilando, depende de la actitud de la demanda, en la aceptación de la introducción de tecnologías en sus hogares. La interacción en el mercado inmobiliario de promotores, usuarios y el resto de agentes implicados, está en función de las diferentes consideraciones e imágenes que éstos, tienen de la tecnología y su aplicación a la vivienda. En este sentido, en el mercado conviven diversos elementos que actúan como catalizadores e impulsores de la demanda de aplicaciones tecnológicas al hogar, con otros que ofrecen resistencia a su implementación. La interacción en el mercado de los distintos agentes con sus visiones respectivas ira perfilando esta configuración. Estas visiones e intereses **"negocian"**, las soluciones más adaptadas a la demanda, que a su vez se configura respecto a las ofertas inmobiliarias y tecnológicas existentes. A lo largo de este proceso se dan los **"mecanismos de cierre"** necesarios que permiten conseguir una estabilización del producto con unas características concretas definidas.

En el caso de la aplicación de nuevas tecnologías en la vivienda, el proceso es muy complejo, pues las variables y actores implicados son muchos y con muy diversos intereses. Es por tanto importante conocer cuál es la posición a este respecto, de cada uno de estos actores –promotores, demanda, y técnicos, etc. -, como impulsores o freno de la implementación de nuevas tecnologías en el mercado inmobiliario. De los estudios y aspectos tratados en el **Proyecto Prohome** pueden desprenderse las siguientes conclusiones, que ayudan a orientar las acciones de estos agentes implicados:

Cuadro 15	Impulsos	Resistencias
Demanda usuarios	Creciente inversión en ocio y vivienda por parte de las familias	Usuario medio: desconocimiento y desconfianza hacia las nuevas tecnologías
	Interés por las funciones de seguridad, confort, ocio, comunicaciones y mantenimiento en el hogar	Sentimiento de desconfianza y "no necesidad" de aplicación de Nuevas tecnologías al ámbito del hogar
	Interés y conocimiento de las Nuevas Tecnologías	
	Evolución sociodemográfica y necesidades de colectivos	
	Avance de la sostenibilidad en el sector residencial (conciencia de la sociedad, obligación desde las Administraciones Públicas, etc.)	
Promotores y mercado inmobiliario	Posición de Promotores ante las innovaciones	Connotaciones especulativas de la vivienda
	Régimen de tenencia de la vivienda española	Dificultad de promover vivienda protegida con nuevas funciones
	Nuevos marcos legislativos sobre implementación de tecnologías y normas de habitabilidad	Ausencia de estudios de mercado que detecten necesidades concretas de los usuarios y permitan consolidar una oferta atractiva

	Avances tecnológicos en el sector doméstico	Oferta incipiente de sistemas domóticos en las viviendas. Falta de adecuación a la demanda
Tecnología	Convergencia de domótica y TIC	Ausencia de un protocolo de comunicaciones unificado
	Alianzas estratégicas	Inversiones necesarias
	Comunicaciones móviles	Descoordinación entre proveedores de tecnologías
		Coste de infraestructuras. Inversiones iniciales necesarias

Fuente: Elaboración propia a partir del Proyecto Prohome

La implementación de sistemas domóticos en la vivienda, se perfila como una nueva oportunidad de negocio para el promotor inmobiliario, ya que permite a éste diferenciarse de la competencia, agilizar la comercialización y obtener así mayores beneficios.

Cuadro 16

Viviendas con instalaciones domóticas en España. Datos y previsiones del Ministerio de Industria	2003	2004	2007
	3%	4,5%	8,5%

Fuente: Ministerio de Industria

Además y como manifiesta el **Director de Marketing de Millenium Technologies**, el sector experimentó ya en **2002**, una tasa de crecimiento entre el **220 %** y **250 %**. Se prevé, que este ritmo se mantendrá durante los próximos años, ya que se trata de un mercado en expansión, que se estabilizará a partir del **2010**. Para esta misma fuente, en nuestro país la domótica se encuentra en la fase previa al *boom*. Tiene a su favor la sensibilidad de los consumidores hacia la tecnología, por lo que la velocidad de penetración de ésta, es mayor que en otras naciones. Se trata en su opinión por tanto, de un mercado con unas excelentes expectativas de expansión. En algunos aspectos, como en seguridad, se ha avanzado mucho, pero a la mayoría de los sistemas le queda aún camino que recorrer.

También **Francisco Ortigüela**, director de **Marketing de Philips España**, considera que a pesar de ser un mercado en alza, falta el paso final: "Que las inmobiliarias integren elementos domóticos en las construcciones". **Internet** ha sido un revulsivo también en el ámbito de la domótica –como en tantos otros–. Por ejemplo, la tendencia de **Philips** es ir a la banda ancha como sistema de obtención de información, permitiendo tener acceso rápido al mundo de **Internet**.

Los datos de **CEDOM** (Asociación Española de Domótica) apuntan en la misma línea, pues el año **2002**, se alcanzó aproximadamente, la cifra de **55.000** viviendas con sistemas domóticos y se espera que la tendencia continúe. El conjunto de viviendas –incluyendo las viviendas libres, las de protección oficial, así como el conjunto de edificios terciarios– movieron el pasado año una cantidad aproximada de **55 millones** de **euros**. Si se considera que el mercado potencial se sitúa en los **2.500 millones** de **euros**, se augura un futuro de expansión. Según esta misma fuente, los clientes potenciales son personas de entre **25** y **45** años de clase media o media-alta que pasan poco tiempo en casa y que, por ocio o por trabajo, están familiarizadas con la **Red** y las **Nuevas Tecnologías**. También hay dos grupos demográficos que se pueden beneficiar de esta tendencia: las personas discapacitadas –**3,5** millones en España–, que verían estos sistemas como elementos imprescindibles en su vida diaria; y los ancianos, sobre todo de más de 80 años, que serán aproximadamente más de dos millones en el año **2020**,

En este sentido los últimos resultados de los estudios del **Instituto Cerdá** reflejados en el Informe **MERCAHOME** ponen de manifiesto un incremento interesante y despunte de los sistemas y productos domóticos a partir del año **2004**. En este año el sector experimentó un aumento del **60%** de la demanda, con una penetración de un **7%** de implementación de sistemas domóticos en las nuevas. Cifra que se prevé en aumento en los próximos diez años, hasta llegar a un **35%** en las nuevas construcciones, igualando así el nivel europeo.

En definitiva, se trata de un mercado con un buen futuro siempre que se estructure adecuadamente, se coordinen los distintos agentes y se atienda a las necesidades reales de la demanda. A ello hay que añadir que desde el punto de vista de la inversión, ésta únicamente supone un pequeño incremento para el promotor, pues como matiza el secretario de **CEDOM**, **David Oliver**, en las viviendas de nueva construcción, la adaptación a la domótica puede suponer un incremento del **0,5** al **2%** del precio de la vivienda; considerando el porcentaje añadido que supone la instalación eléctrica –entre un **2** y un **3%**– da un total de entre un **3** y un **4%** más del precio inicial.

Las áreas, sistemas, productos y servicios sobre los que actualmente se concentra la oferta de implementación de nuevas tecnologías en el hogar son las siguientes:

- **Domótica** (ahorro energético control y automatización de iluminación, climatización persianas, etc.)
- **Seguridad** (alarmas de intrusión, alarmas técnicas, alarmas de SOS de pánico, y 3ª edad, Cámaras IP, etc.)
- **Multimedia** (prestación de cine en casa, pantallas de plasma, canal digital, audio/video *multiroom*, etc.)
- **Informática** (PCs, impresoras, scanners, etc.)
- **Telecomunicaciones** (red de datos ethernet, sistema WiFi, pasarelas residenciales, ADSL, cable modem PLC, etc.)

En este sentido la tendencia en la configuración de la oferta por parte de los promotores, se orienta respecto a las siguientes actuaciones o posibles opciones, que actualmente suelen ser las más frecuentes:

- Ofrecer la instalación de sistemas domóticos como "mejora" de la vivienda. Es una opción que únicamente se provee si la demanda del comprador.
- Ofrecer uno o varios servicios y sistemas "por defecto", incluidos en el precio de la vivienda
- Ofrecer una *línea básica* de servicios de domótica, e incluir la posibilidad de implementar otros como "mejora".

La recomendación general a este respecto, y que permite al promotor incluir fácilmente estos productos y servicios, es el sistema por paquetes. Esta oferta se estructura en *packs* de mejora, para limitar las posibles opciones de los compradores a dos o tres paquetes opcionales, estandarizando así la oferta.

La casa domótica[35]

La instalación de sistemas domóticos en las nuevas promociones inmobiliarias, permite a los promotores propiciar una oferta diferenciada en el mercado, aumentado así su ventaja competitiva. Pero para que esta ventaja sea efectiva, los promotores tienen que tomar conciencia real de su papel como configuradores de la demanda. En este sentido, hay que tener en cuenta los aspectos anteriormente citados en la configuración de la demanda, y la importancia de estudios de mercado que detecten necesidades concretas en este sector. Los análisis realizados revelan que la demanda de implementación domótica en el hogar es reducida debido a la percepción de **"no necesidad"** y a falsas expectativas o desconocimiento de las posibilidades concretas de estos sistemas. Por otra parte, los usuarios de este tipo de soluciones domóticas se muestran satisfechos y sí expresan demandas concretas en este sentido. Los que nunca han tenido contacto con los sistemas domóticos ni implementación de nuevas tecnologías en el hogar, son agentes bastante pasivos en la configuración de la demanda y sus requerimientos se basan en los complementos necesarios para la utilización de otras tecnologías, con las que están más familiarizados, **Internet**, **televisión** y **telefonía**, (infraestructuras de banda ancha, e instalaciones de servicios de telecomunicaciones relacionados con el ocio, video a la carta, múltiples canales, etc.). Los aspectos de **seguridad**, **confort** y **mantenimiento** se asocian también con este tipo de aplicaciones y les resultan interesantes.

Superada esta primera imagen, los que ya disfrutan de estos **sistemas domóticos**, demandan que éstos sean **fáciles de manejar**, **modulares**, **ampliables**, **compatibles** con nuevos productos y que ofrezcan un buen **servicio post-venta**. Los usuarios de hogares domotizados, conciben la instalación de este tipo de sistemas como algo necesario y prioritario en las viviendas. Por ello, estos son aspectos relevantes a la hora de presentar la

---

[35]   Desde el punto de vista etimológico, el término procedente del latín *domus* –casa- junto al sufijo *tica* -informática- se define como el "conjunto de Sistemas que automatizan las diferentes instalaciones de la vivienda". En un sentido más amplio y en su aplicación general, la domótica constituye un conjunto de acciones procesos y sistemas, que integran, articulan y aplican las nuevas tecnologías de información y comunicación al hogar.

implementación de sistemas domóticos en el hogar, si se desea que este hecho sea percibido por el mercado como un elemento verdaderamente diferenciador de la oferta inmobiliaria. Otro aspecto importante es el ya mencionado, mantenimiento y **servicio post-venta**, este debe de estar garantizado, pues malas experiencias por parte de los usuarios pueden construir una imagen social negativa de este tipo de tecnologías. De este modo, este factor pasaría, de ser un elemento deseable y diferenciador de la oferta, a un *prescriptor* negativo. Este aspecto es especialmente relevante en un momento delicado, en el que no existe una imagen definida ni estable, de este tipo de productos.

- A la hora de introducir un nuevo producto en la vivienda hay que tener en cuenta el **diseño**, la **funcionalidad**, la **ergonomía**, etc... así como los criterios estéticos, valores y símbolos de los usuarios asociados a su vivienda. En este sentido, la tendencia general, es la creación de ambientes inteligentes donde la tecnología es prácticamente *invisible* para el usuario, y las partes de ésta más visibles, suponen una aportación de calidad estética a la vivienda.

- Además de invisible, la tecnología debe de ser transparente para el usuario, es decir, éste no necesita conocer la tecnología ni el funcionamiento interno de los sistemas instalados. Lo que interesa al usuario es su funcionalidad, facilidad de uso, manejo, diseño, fiabilidad y buen mantenimiento. Por el contrario, un producto de tecnología más sofisticada y mejores prestaciones, pero difícil de manejar, pierde atractivo para el usuario.

- La adopción de **tecnología** se produce cuando se percibe como **necesaria**, o a equivalencia de coste está incluida en el producto que se compra. Cuando el producto cubre las necesidades demandadas por el usuario el coste de éste, según concluyen y coinciden diversos estudios, no es el primer criterio de decisión. Incluso podríamos establecer un indicador que permitiera realizar una prospección de la aceptación de cualquier tecnología, por parte de los usuarios. Este sería un **ratio** en el que el numerador representaría de manera sintética los aspectos de **percepción de necesidad**, **ventajas** y *deseabilidad*, y el denominador el **coste de la utilización de esa tecnología** (el tiempo que se le ha de dedicar para hacerla funcionar y que sea útil, conocimientos y preparación requerida para su manejo, mantenimiento, coste económico, intrusión estética, etc.). Así, sólo productos con ratios superiores a la unidad indican la posibilidad de una difusión exitosa en el mercado.

Hay que destacar también, que en la consideración de la domótica como argumento de venta, es necesario diferenciar entre el coste real del sistema domótico en sí, y sus dispositivos exclusivos, y los elementos de la vivienda, a los que también optimiza, pero que forman parte de la vivienda con y sin la instalación de este sistema. La inclusión de este tipo de elementos, desvirtúa el coste real de la instalación total y puede reducir la voluntad de compra, favoreciendo una imagen distorsionada de esta aplicación. Con ello, se reduciría el atractivo de esta oferta y su interés como elemento innovador y de diferenciación en el mercado. A este respecto y como se desprende del estudio **Prohome**, la domótica como criterio de venta es un buen argumento, sobre todo en situaciones en las que existen promociones en las cercanías que ya la están implementando, y en promociones ligadas a segmentos de *medio-alto standing*.

También es necesario recordar, que en todo este proceso de configuración de lo que ha dado en denominarse el **"hogar digital"**, están involucrados gran cantidad de agentes del proceso inmobiliario, ya citados anteriormente, cada uno de los cuáles tiene su función e intereses específicos, que encuentran en este proceso buenas oportunidades de negocio.

En definitiva, y aunque actualmente el panorama dista bastante del nivel de otros países europeos, las expectativas aunque incumplidas hasta ahora, anuncian que las instalaciones de sistemas domóticos serán un innegable valor añadido a las construcciones, de modo que el mercado actual se caracteriza en torno a los siguientes aspectos:

- **Proliferación** de nuevas **empresas** dedicadas a la fabricación, instalación y venta de sistemas domóticos y de automatismos.
- Avances en la normalización y **homologación de productos** y el abandono de los que no cumplen la normativa española y/o europea.

- Desarrollo de **nuevos sistemas** con nuevos servicios por parte de empresas del sector electrónico.
- Creación de **organismos de investigación** y desarrollo.
- Incremento de **ferias**, **certámenes** y **exposiciones** en las que los profesionales intercambian información útil para futuros proyectos.
- Financiación de **proyectos I+D+I** para parte de la U.E.
- **Nuevo CTE** que acoge diversos avances en el sentido de implementación y control domótico en las viviendas.

DE LA DOMÓTICA EN LAS INSTALACIONES COLECTIVAS A LA COMUNIDAD DIGITAL DE VECINOS

La Comunidad Digital de Propietarios

Con la instalación de sistemas y dispositivos domóticos en las instalaciones colectivas de las comunidades de vecinos, se plantea una tendencia que resulta interesante y atractiva. Así **la casa se comunica de modo físico y virtual con su entorno local más inmediato** el vecindario. De este modo la vivienda conectada a **Internet** potencia las funciones que pueden desarrollar los sistemas domóticos implementados en ella, y la convierte en un nodo más de la **Red Global**. Del mismo modo, su articulación digital con la **Comunidad digital** de **Propietarios**, supone un paso del ámbito inmediato individual y privado al vecinal, inmediato local y de éste al global. Vemos así como las nuevas tecnologías de la comunicación se integran y transforman los espacios físicos tradicionales articulando así la dialéctica **GLOBAL/LOCAL**. La idea de llevar más allá de la vivienda la digitalización de funciones y servicios en conexión con ella, es la guía central a partir de la que **Santiago Lorente** desarrolla en **2005** su concepción de **Comunidad Digital de Propietarios**. Ésta es el lugar donde las necesidades de los copropietarios, en **materia de seguridad** y **control comunicaciones**, **ocio** y **confort**, **integración medioambiental** y **accesibilidad**, son atendidas mediante la **convergencia** de servicios,

infraestructuras y **equipamientos**"[36]. **Lorente** argumenta la falta de conciencia de propiedad de los espacios colectivos y compartidos de las comunidades de propietarios. Vivimos en espacio más pequeño del que realmente poseemos y únicamente nos preocupamos del primero. Nos olvidamos del resto de nuestra propiedad despreocupándonos, por su connotación con lo colectivo. **Lorente** señala, cómo aborrecemos e intentamos evadir lo colectivo, lo comunal, y cómo las relaciones en las comunidades de vecinos conforman uno de los aspectos más *sórdidos* de la convivencia social. Su aportación supone un doble objetivo: presenta la novedosa idea de **Comunidad Digital de Propietarios** y por otra, desde el punto de vista sociológico, intenta con ello sentar las bases de un experimento técnico-social, que permita regenerar y *refrescar,* este tipo de convivencia tan conflictiva y dañada. Para Lorente esto es posible porque la configuración de la **Comunidad Digital de Propietarios** introduce racionalidad, operatividad y eficiencia en la convivencia vecinal. La articulación e implementación concreta del sistema, se establece a partir de la configuración de una **Intranet** que interconecta las viviendas con la gestión central de la Comunidad, y esta a su vez, con y desde el exterior a través de **Internet**.

En su ponencia titulada **"La comunidad Digital de Propietarios: entre el Hogar Digital y la Ciudad Digital"**, **Lorente** detalla los **sistemas**, **dispositivos** y **servicios** que pueden gestionarse a través de ella. En síntesis, estos atienden fundamentalmente tres aspectos:

Gestión de la vida comunitaria: Reparación y mantenimiento, iluminación, ventilación, calefacción, fabricación de energía eléctrica, control de agua de las piscinas, riego, etc., además de la gestión administrativa como pago/cobro de recibos, anuncio de reuniones de copropietarios, reserva de instalaciones comunes (canchas, gimnasio, etc.)

Seguridad de la Comunidad: control de espacios de alto riesgo, vigilancia (webcams), ascensores, fuego, humo, gas, inundaciones, apagones, etc.

---

[36]   Santiago Lorente "La Comunidad Digital de Propietarios: entre el Hogar Digital y la Ciudad digital" p4 ETSI Telecomunicación Universidad Politécnica de Madrid

Estos dos primeros aspectos abarcan funciones y sistemas que pueden equipararse a la domótica aplicada a la vivienda, mientras que los **teleservicios** son análogos a una concepción más amplia, la de **Hogar Digital** en este ámbito, la **Comunidad Digital de Propietarios**.

Oferta de información y teleservicios:
Información sobre el estado de cuentas, actas, pagos, balances, derramas, etc.
Información documental: estatutos, normas y legislación.
Reserva de instalaciones, noticias buzón de quejas, foros de debate, resultados de encuestas, mensajería, "ecos de sociedad", otras informaciones de interés, FAQ; buscador de información en la **Intranet** y otros **teleservicios**.

En línea con esta idea la empresa **DILARTEC** presenta su producto **DiLARTEC Resort,** como un sistema de gestión y control de zonas residenciales y urbanizaciones. A partir de él, cualquier vecino podrá comunicarse e interactuar con su comunidad desde cualquier lugar con acceso a Internet.

http://www.lartec.es/ftp_customer/pdf/Dilartec%20folleto%20resort_A1.pdf

- **Comunicación intracomunitaria con un solo clic**

Desde cualquier equipo con conexión a la red (Pc, PDA, Portátil, móvil, etc.), cada vecino de la urbanización podrá acceder y recibir *on line* información relacionada con la administración de su comunidad: convocatorias de juntas de vecinos, juntas extraordinarias, seguridad y servicios de la comunidad, avisos, derramas; e incluso podrá participar y votar a través de videoconferencia en aquellas reuniones a las que no pueda asistir físicamente.

El sistema también permite acceder a información relacionada con el ayuntamiento al que pertenezca la urbanización, y todas las actividades que se generen en el municipio.

- **Tiempo Libre**

DiLARTEC Resort® permite disfrutar de más tiempo para el ocio y tiempo libre ya que sin moverse de casa el usuario puede apuntarse a las distintas actividades programadas y gestionar su participación en las instalaciones deportivas y zonas comunes. Así por ejemplo, podrá reservar hora para jugar al tenis, inscribirse en cursos que se organicen en el club social (cocina, idiomas, etc.) o realizarlos en casa *on line*, apuntarse a fiestas y celebraciones, quedar para jugar al golf con otros vecinos, o contratar personal de limpieza a través del tablón de anuncios.

- **Acceso a compras**

Otra de las aplicaciones del sistema es la posibilidad de pasearse virtualmente por las tiendas y comercios del centro comercial de la urbanización y realizar compras *on line*. Desde el menú "Centro Comercial" el usuario podrá ver los escaparates de las tiendas y realizar consultas *on line*, hacer reservas en los restaurantes que le interesen o consultar la carta, acceder al directorio de servicios profesionales y contratarlos (fontanero, electricista, servicio médico, etc.), o encargar la compra en el supermercado para que se la lleven a casa.

- **TV de la comunidad**

El sistema también incluye como novedad un canal de televisión propio con tecnología *streaming* para la visualización permanente de contenidos a través de la red y con gran calidad.

http://www.miniatec.com/index.php

A través de la consola del video-portero de la vivienda, la Empresa **Miniatec** desarrolla un sistema domótico que articula una Comunidad Digital de Propietarios, que además incluye las funciones domóticas de seguridad, *confort* y entretenimiento para cada vivienda. Además de este *interface* central el sistema soporta información en diferentes formatos y diversos interfaces de acceso, como ordenador, teléfono móvil -mensajes SMS-, agenda personal o PDA, televisor y teléfono, mediante los que es posible llevar a cabo más de 30 funciones.

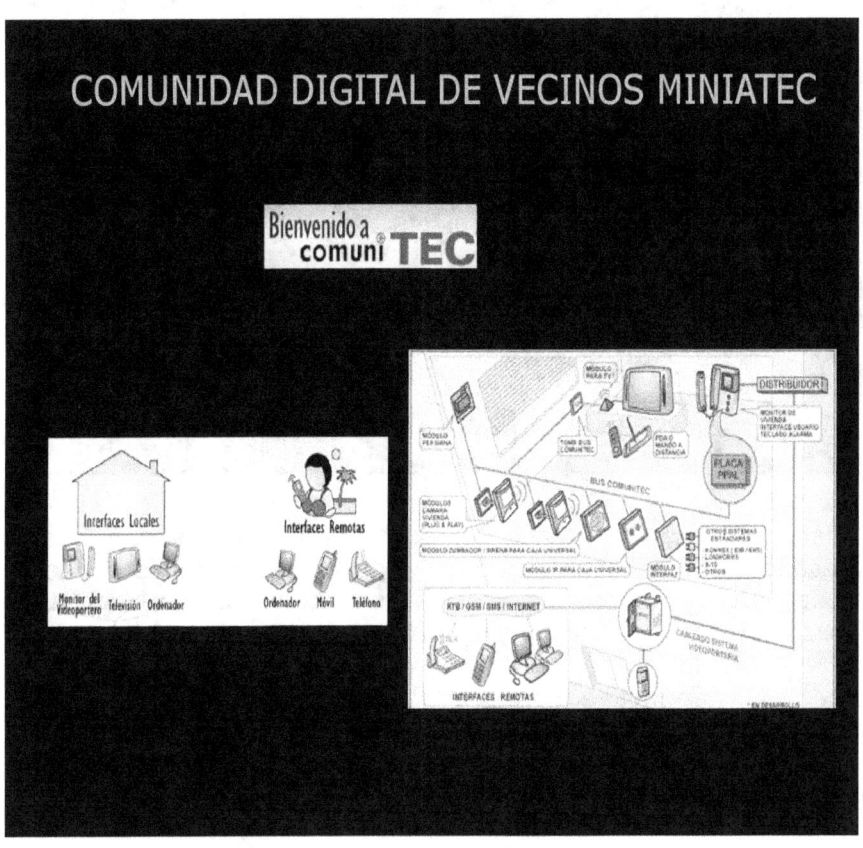

COMUNIDAD DIGITAL DE VECINOS MINIATEC

- Totalmente configurable por el usuario

- Capaz de dar soporte a toda una COMUNIDAD, reduciendo de modo considerable la repercusión económica por vivienda

- Una única línea ADSL y GSM para todo el vecindario permite el CONTROL INTEGRO DEL SISTEMA sin necesidad de acudir a empresas externas

- FÁCIL INSTALACIÓN: aprovecha las infraestructura y cableado existente en las viviendas

- Permite COMUNICACIÓN MULTIMEDIA

- GRABACIÓN y TRANSMISISÓN DE VÍDEO en tiempo real a través de Internet

- Soporta DIFERENTES ALARMAS Técnicas y ESCENAS PROGRAMABLES

- REGISTRA TODAS LAS LLAMADAS realizadas a nuestra vivienda

- Dispone de PATENTE INTERNACIONAL

En definitiva, las iniciativas en este sentido, de las que hemos destacado las más sobresalientes[37], ponen de manifiesto que el mercado ha sido capaz de articular una concepción elaborada y avanzada del hogar y la **comunidad digital de propietarios**. Si esto es así, la pregunta de fondo es: ¿qué otros agentes o elementos están incidiendo, en el desfase entre oferta y demanda, dada la lenta y/o escasa implementación de estos sistemas? La Sociología de la tecnología, desde el enfoque *constructivista*, nos enseña que la introducción social de innovaciones tecnológicas, es un proceso complejo. En este proceso, lo social y lo tecnológico se mezclan e intercalan con la definición y valoración que los distintos

---

[37] Junto a estas cabe destacar aunque aquí no haremos referencia ellas ya que cuentan con amplia documentación que puede consultarse fácilmente y son anteriores a las mencionadas, las de **Telefónica "Hogar.es"** y **"Teledomo"**. Estas pueden considerarse pioneras en la búsqueda de nuevas implementaciones digitales más allá de la vivienda como ámbito de habitabilidad concreto.

actores realizan del objeto de innovación. En esta interacción existen agentes relevantes que tienden a imponer su definición y a buscar en torno a sí, la unanimidad en el significado atribuido al artefacto técnico de que se trate. En nuestro caso estos agentes relevantes, son los que tanto desde el punto de vista técnico como constructivo, configuran la oferta inmobiliaria. Pero esta búsqueda de una unanimidad y consenso en la definición de las innovaciones tecnológicas, es un proceso abierto caracterizado en su desarrollo, por cierto grado de flexibilidad interpretativa. Es decir, una primera definición del producto, respecto a la que se busca consenso, es puesta en cuestión por el resto de agentes implicados, en este caso la demanda, el entorno social y jurídico, los intermediarios e instaladores técnicos, etc. Así, en el uso y apropiación de los consumidores, se ponen de relieve problemas que pueden cuestionar la definición y valoración social del producto que se pretende uniformar. En esta situación, los distintos agentes de modo más o menos manifiesto, muestran soluciones y alternativas, bien soluciones o cambios técnicos concretos, o diferentes modos de apropiación o consumo. En este momento los agentes relevantes pueden cambiar su peso e influencia y dar lugar a un nuevo reequilibrio de fuerzas, que tiene como resultado una nueva definición de la innovación técnica. Todo ello favorece la aparición de **"mecanismos de clausura"** o cierre de las controversias, que pueden ser de distinta naturaleza, **técnicos**, **publicitarios**, **ideológicos**, etc. que hacen posible un consenso real entre los diferentes agentes. Esto lleva a una definición, imagen y valoración estable de la innovación tecnológica en el mercado, en nuestro caso un "nuevo tipo de vivienda". Este producto así configurado permanece estable, en su imagen y consideración en el mercado. Indudablemente esta configuración estable debe de ser flexible en un contexto dinámico, como lo es cualquier contexto social, pero mantiene un significado y estructura básica estable, con una definición social prácticamente unívoca. Esta definición, se mantiene a pesar de que la innovación introducida experimente pequeños cambios a lo largo del tiempo, ya que estos no afectan a la esencia de su estructura, valoración e imagen social.

En el caso de las comunidades de vecinos, es necesario reconocer que su composición y gestión se ve a menudo influenciada por intereses espurios y grupos de presión dentro y alrededor de la propia comunidad y administración de la misma. Por ello, es de esperar una fuerte resistencia por parte de estos grupos que se ven en muchas ocasiones beneficiados de la "dejación" de funciones, que hacen el resto de los vecinos en ellos, para imponer sus intereses. En estas situaciones la transparencia y la disponibilidad de todo tipo de información *on-line* puede que no parezca a todos los vecinos pertinente. Indudablemente, la eficiencia que supone para la realización de ciertas funciones rutinarias de la comunidad y la comodidad de los ***teleservicios*** junto a otras ventajas generales, hace que el sistema pueda resultar atractivo para la mayoría. Aunque siempre habrá quien *a priori* lo considere como una complicación engorrosa de la que la comunidad "no tiene necesidad". No obstante, la tendencia que se viene apuntando a partir de estos dos últimos años y más recientemente, experimenta a un incremento de la demanda. Desde nuestro punto de vista varios son los factores que empujan a ello. Si atendemos al esquema de los actores sociales expuesto más arriba, podemos observar que muchos de ellos se mueven en la misma dirección y se van desarrollando acuerdos tácitos entre los mismos, que producen sinergias espontáneas. Del mismo modo, el contexto económico social y legislativo ayuda a que este proceso se de y se adviertan los primeros signos hacia un *mecanismo cierre de las controversias*. En primer lugar, la denominación de **"hogar del futuro"** o **"casa del futuro"** es una expresión ya extinta, en su lugar se impone, en nuestro idioma y ámbito, la de **hogar digital** cada vez más concretamente definido. En segundo lugar la cultura y *cibercultura* de nuestro **Tiempo de la Tecnología**, se extiende a todos los ámbitos de la sociedad y cada vez a capas sociales más diversas. Aumento de hábitos y habilidades tecnológicas para una parte de la población cada vez mayor. Los actores implicados en el proceso de construcción inmobiliaria toman conciencia de la aparición de estos asumiéndolos como cambios estables, irreversibles, y novedosas oportunidades de negocio. Esto deshace sus limitaciones y resistencias respecto al cambio y la necesidad de readaptar y reciclar sus especializaciones, objetivos y sistemas de trabajo. Así técnicos, instaladores, fabricantes, proveedores, diseñadores marchan en un camino y dirección común, pues ésta es cada vez más clara, hacia una concepción unívoca del **hogar digital**. Por otra parte la aprobación del nuevo **CTE** y reglamentación acompañante, hace obligatorias ciertas prestaciones en infraestructuras y servicios, que vinculan obligatoriamente a promotores y constructores, desencadenando así un gran número de cambios en el proceso de construcción y sus agentes implicados. Así y junto con el aumento del precio del dinero que redunda en una subida de las hipotecas, la desaceleración de la producción inmobiliaria comienza a apuntarse en nuestro ámbito más cercano. Este hecho tiene dos consecuencias directas, por una parte resulta más costoso comprarse una vivienda por lo que el comprador buscará optimizar su inversión. De este modo, la compra de un hogar digital comienza a verse como una inversión más segura y con más posibilidades de revalorizarse, ya que la tendencia que se aprecia es a la generalización de este tipo de viviendas. Por su parte el promotor en un mercado que se torna más incierto, necesita ofrecer un valor añadido a sus productos, que le permitan diferenciarse en el mercado y obtener una ventaja competitiva. En este contexto, la idea de extender más allá del ámbito doméstico inmediato, la tecnologización de ciertas tareas y servicios nos lleva al desarrollo de la **Comunidad Digital de Propietarios**. En la medida en que este sistema se implemente progresivamente supondrá un incentivo para el aumento en la demanda de hogares domóticos. Paradójicamente, una vez más, considero que quizá sea este el sistema que más rápido se imponga, impulsando definitivamente con ello, el mercado del hogar digital. Si esto es así, el panorama propicio que entorno al hogar digital se ha ido cimentando en los últimos diez años, encontraría su **"mecanismo de cierre"** en una aplicación de tipo colectivo, que favorece la comunicación y la interacción social. De nuevo la tecnología nos acerca y nos invita a compartir experiencias, comunicación y servicios.

LA DEMANDA

EL COMPORTAMIENTO DE LA DEMANDA

Elementos sociodemográficos

La demanda de vivienda puede considerarse desde un punto de vista global, como una demanda rígida cuyas fluctuaciones dependen de determinadas coyunturas y ciclos económicos, además de diversas prácticas especulativas. La regulación legal respecto a este mercado, también interviene condicionando la oferta, y por ende la demanda. Junto a ello, existen además aspectos sociodemográficos y culturales que influyen de modo efectivo en la configuración de ésta.

Cuadro 17

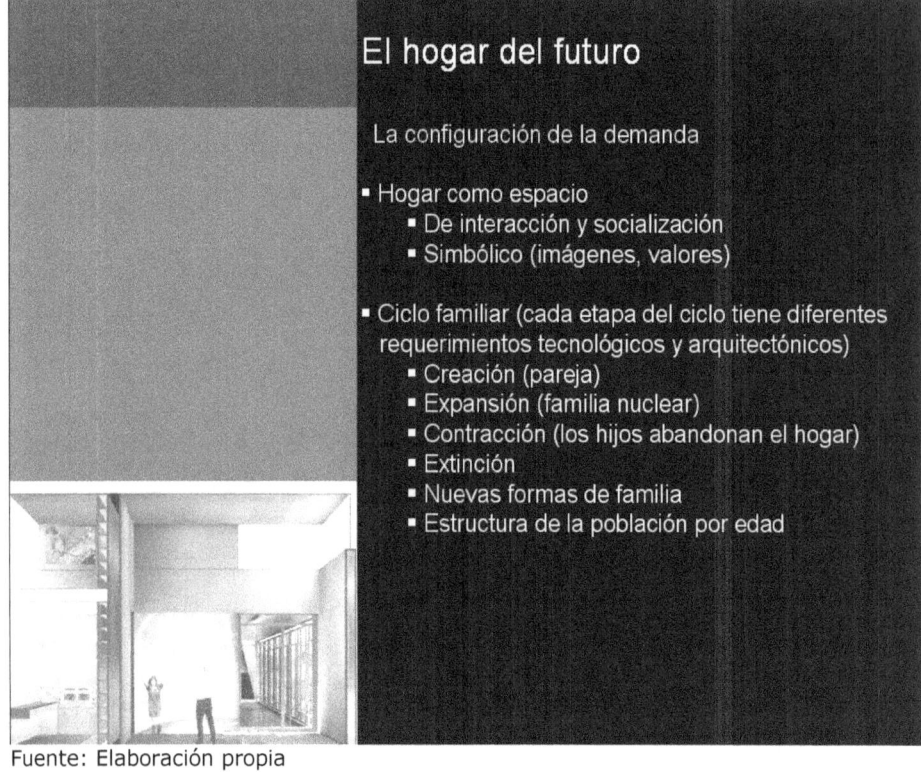

El hogar del futuro

La configuración de la demanda

- Hogar como espacio
  - De interacción y socialización
  - Simbólico (imágenes, valores)

- Ciclo familiar (cada etapa del ciclo tiene diferentes requerimientos tecnológicos y arquitectónicos)
  - Creación (pareja)
  - Expansión (familia nuclear)
  - Contracción (los hijos abandonan el hogar)
  - Extinción
  - Nuevas formas de familia
  - Estructura de la población por edad

Fuente: Elaboración propia

En este sentido y si nos referimos a la demanda potencial de un nuevo tipo de vivienda: **"la casa inteligente"** o la **"Casa Red"**, a todos los valores y pautas de comportamiento respecto al concepto tradicional de vivienda, hay que añadir las consideraciones y percepciones sobre la tecnología. Es la tecnología precisamente, la que de modo paradójico, devuelve al hogar ciertas funciones. Los nuevos desarrollos tecnológicos aplicados a la vivienda permiten a ésta recuperar muchas de sus tareas tradicionales, perdidas con la aparición de la revolución industrial, la modernidad y la aparición del estado de bienestar. De este modo, la casa, el hogar interconectado, vuelve a recuperar funciones relacionadas con el **ocio**, la **salud**, la **educación** y el **trabajo**.

A estos elementos objetivos, hay que añadir aspectos culturales, valores y percepciones en torno a la vivienda y a la tecnología, que influyen indudablemente en la demanda final. La sociología y la economía, muestran cómo el comportamiento de los actores en el mercado no es siempre racional y esto afecta especialmente a la configuración de la demanda. En este sentido, y refiriéndose especialmente a la tecnología, en este caso aplicada al hogar, desde el enfoque de la *Economía Moral*: **Silverstone** y **Haddon** (1993)[38], revelan ciertos supuestos, que pueden ser útiles en el análisis de la demanda:

- **El comportamiento de los demandantes y usuarios**, en la vida cotidiana no es siempre racional. Los actotes sociales no se comportan de acuerdo a la racionalidad instrumental asumida por la economía neoclásica. Por este motivo y respecto a la demanda de vivienda, aspectos relativos al status, ubicación, tipo de vecindario y otros elementos de carácter simbólico, cobran tanta relevancia.

- **El consumo y la demanda son procesos activos más que pasivos**. A pesar de que en el mercado inmobiliario la oferta condiciona en gran medida la demanda, ya que el

---

[38]   **Silverstone y Haddon** (1993) The Individual and Social Dynamics of Information and Communication Technologies: Present and Future, A report prepared for the Commission of the European Communities, socio-economic and Technical Impact Assessments and Forecasts, RACE Project 2086, SPRU, Sussex. En este caso nosotros los presentamos extendiendo estos mismos principios a la demanda de la vivienda en general y en concreto a la vivienda inteligente.

tipo de vivienda se presenta como un producto cerrado para el comprador, éste con su consumo y uso, condiciona de nuevo la oferta. Y es, sobre todo en esta apropiación y uso creativo y activo de los espacios, de acuerdo a valores, comportamientos actitudes y creencias, la que configura nuevas funciones y necesidades que han de asumirse por la oferta. Nuestro objetivo en este análisis es presentar estas nuevas necesidades, que fruto de la dinámica y cambios sociales, que se vienen sucediendo, deben integrarse en un proyecto global que las satisfaga.

- **El consumo es dinámico**. Además de esta influencia cultural, el consumo también se ve determinado por el coste y los conflictos, en cuanto a la compra, el uso y el significado de los espacios domésticos y elementos tecnológicos integrados en él. Estos conflictos entre los propios consumidores, también devienen en pulsos en el mercado entre productores y compradores, construyendo el perfil del mercado inmobiliario y el significado de los elementos en él implicados.

Desde esta misma perspectiva de la **economía moral**, los diferentes estadios en el proceso de consumo son:

- **Imaginación**: los productos ofertados en el mercado son imaginados por los compradores antes de adquirirlos. Esta imagen o espectro simbólico de los mismos, establece estos productos en la esfera pública mediante la publicidad, la política los medios de comunicación y la comunicación informal (boca a boca) entre los diferentes actores sociales.

- **Apropiación**: esta imagen simbólica de los objetos en el mercado, cambia de significado una vez que son adquiridos. Es decir, una vez que el comprador adquiere la casa imaginada, su uso y disfrute, en función de sus circunstancias sociales concretas, **tipo de familia**, **edad**, **composición por sexo**, **nivel educativo**, transforma su significado. Del mismo modo, los elementos tecnológicos implicados en la vivienda redefinen su sentido y necesitan encontrar su espacio físico y social en la casa. Este hecho origina conflictos y nexos de unión entre los miembros de la unidad familiar, en torno a ellos.

• **Conversión**: con el proceso de conversión el círculo se cierra, pues los objetos imaginados y adquiridos tienen que ser expuestos y mostrados, adquiriendo así de nuevo significado dentro y fuera de la casa. Este proceso reafirma cuestiones relativas al status del comprador y su elección hecha en el mercado

Cuadro 18

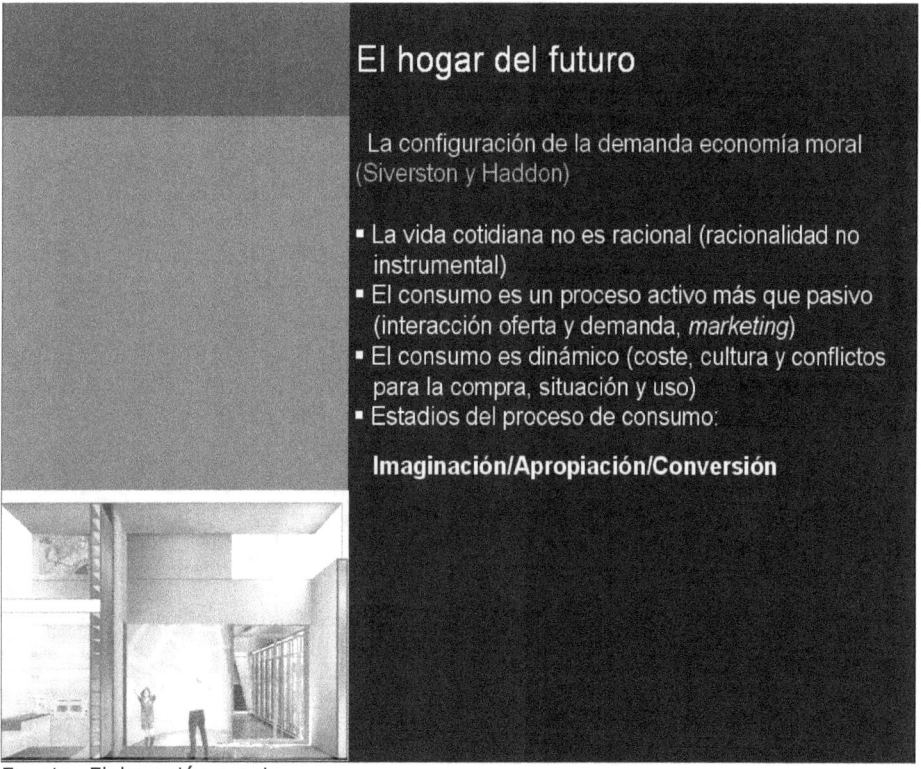

El hogar del futuro

La configuración de la demanda economía moral
(Siverston y Haddon)

- La vida cotidiana no es racional (racionalidad no instrumental)
- El consumo es un proceso activo más que pasivo (interacción oferta y demanda, *marketing*)
- El consumo es dinámico (coste, cultura y conflictos para la compra, situación y uso)
- Estadios del proceso de consumo:

Imaginación/Apropiación/Conversión

Fuente: Elaboración propia

Como hemos comentado, muchos y diversos son los elementos que hay que tener en cuenta en la configuración de la demanda, vamos a profundizar a continuación en los sociodemográficos, no siempre tan tenidos en cuenta como sería conveniente.

El panorama español apunta a un envejecimiento y reducción o estancamiento de la población, que sin embargo se verá suplido por la inmigración, lo que evitará la reducción de demanda de viviendas prevista.

Respecto a los aspectos sociodemográficos varios son los más destacables:

- La **composición por edad** de la población
- La **evolución del ciclo de vida familiar**[39]
- Nuevos **tipos de familias** y **formas de convivencia**
  - Cambios en los grupos de convivencia que ocupan las viviendas.
  - Evolución de los hábitos de convivencia y de utilización de la vivienda

- Colectivos con **necesidades específicas**
- Situación del **entorno económico financiero**
- Situación de la **demanda de vivienda**

Estos aspectos, entre otros, hacen que sea más adecuado hablar de tipos, y no de un único nuevo tipo de vivienda, conclusión que se desprende claramente de las investigaciones llevadas a cabo por **Meyer & Schultz**[40]. Para estas autoras es más adecuado hablar de tipos de casas inteligentes; a este respecto tres son las variables fundamentales a tener en cuenta:

- **tamaño** y composición del hogar: **mono** o **multi-personal**, **número de personas, presencia de niños,** y **edad**

- **la división de trabajo** en la casa (parejas ambos activos o no)

- **edad y estadio en el ciclo vital de la familia** (jóvenes, adultos con niños pequeños, familias en su edad media con

---

[39] Cuando hablamos de ciclo de vida, o ciclo vital de la familia nos referimos al ciclo familiar descrito por la OMS en cuatro etapas: creación, expansión, contracción y extinción

[40] **Meyer, S. & Schultz, E.** (1996) The Smart Home in the 1990s. Acceptance and future usage in private households in Europe. In: The Smart Home: Research Perspectives. The European Media Technology and Everyday Life Network (EMTEL). Working Paper Nº 1, Sussex

88

hijos más mayores; familias mayores con sus hijos ya idos; familias de tercera edad).

Cuadro 19

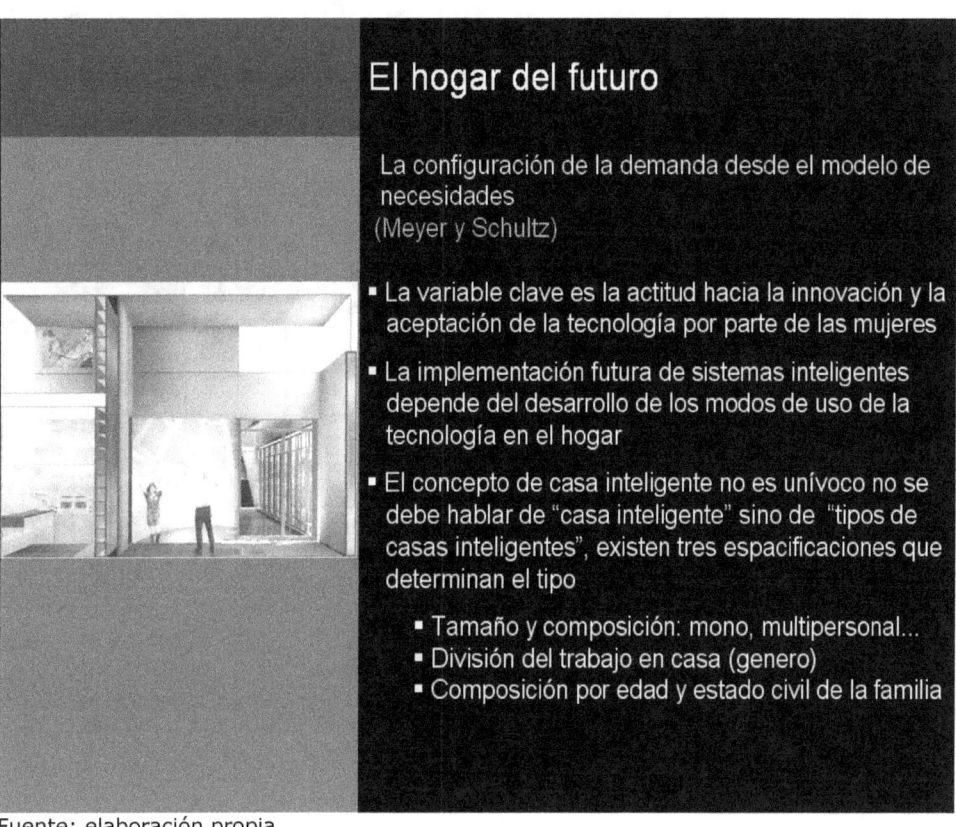

El hogar del futuro

La configuración de la demanda desde el modelo de necesidades
(Meyer y Schultz)

- La variable clave es la actitud hacia la innovación y la aceptación de la tecnología por parte de las mujeres

- La implementación futura de sistemas inteligentes depende del desarrollo de los modos de uso de la tecnología en el hogar

- El concepto de casa inteligente no es unívoco no se debe hablar de "casa inteligente" sino de "tipos de casas inteligentes", existen tres espacificaciones que determinan el tipo
  - Tamaño y composición: mono, multipersonal...
  - División del trabajo en casa (genero)
  - Composición por edad y estado civil de la familia

Fuente: elaboración propia

Estas tres características conducen a nueve tipos de hogares:

Cuadro 20

	El hogar del futuro	
	Esto da lugar a 9 tipos de hogares ★	
Hogares monopersonales	Jóvenes solos	
	Personas mayores solas	del 15% al 20%
Hogares de parejas	Jóvenes parejas sin hijos	del 15% al 20%
	Parejas mayores sin hijos	
	Parejas cuyos hijos que ya se han ido	
Hogares familiares	Familias con hijos menores de 10 años	del 45% al 50%
	Familias con hijos mayores de 10 años	
	Familias mono-parentales	del 5% al 10%
	Familias con más de dos generaciones	del 10% al 15%

Fuente: elaboración propia a partir de la clasificación de Santiago Lorente en ""La vivienda inteligente del siglo XXI:"la **Casa Red**"
* Media de miembros por hogar en España 3,62

Cada uno de ellos, supone una demanda diferenciada en el mercado en cuanto a la concepción espacial, si bien es cierto, que en cuanto a la aplicación de ciertos elementos novedosos o tendencias que apuntaremos más adelante, la demanda potencial es uniforme. Es decir, cada tipo de hogar requiere una configuración espacial diferente, respecto a las distintas necesidades y funciones que en ellos se desarrollan, pero además hay ciertas innovaciones que todos pueden compartir y que resultan útiles y deseables en todos los casos. Para hacer operativos estos criterios en proyectos concretos lo adecuado sería conocer el perfil de necesidades y funciones de los habitantes de estos tipos de vivienda y el porcentaje que representan sobre el grueso de la demanda total, su poder adquisitivo, y otra serie de características de interés.

En definitiva, la demanda de la vivienda tecnológica es un proceso complejo en el que intervienen diversos factores que se interrelacionan. Hay que tener en cuenta que los aspectos de las diversas formas de la demanda inmobiliaria, tienen una naturaleza propia a la que hay que añadir la demanda de tecnología para este tipo de entornos. De todos modos, en ambos, hay que tener en cuenta que el comportamiento de los consumidores no siempre se orienta de acuerdo a racional instrumental. A este respecto, y en cuanto a demanda de tecnología, sabemos que se trata de un proceso dinámico, más activo que pasivo y se encuentra condicionado por los estadios de **imaginación**, **apropiación** y **conversión**, antes mencionados. Esto significa que la demanda está condicionada por las imágenes socialmente compartidas que atribuimos a los artefactos tecnológicos. Esto los hace más o menos deseables y les confiere a su vez un significado respecto a su uso y adquisición.

> "Las personas no son únicamente sujetos maleables que se someten a los dictados de la tecnología. En el hecho de consumir no son solamente crédulos pasivos y expresivos, aunque socialmente situados. La gente puede rechazar la tecnología, redefinir su propósito funcional, adaptar e incluso hacer hipóstasis de significados simbólicos e idiosincráticos en ellas [...] Así la apropiación de tecnología es una parte integral de su Construcción Social"[41]

Así las tecnologías son imaginadas y deseadas más allá de su utilidad inmediata o funcional, de modo que el deseo se convierte en necesidad. A este respecto, las conclusiones de los análisis empíricos de **Ives Punie** son concluyentes. Cuando analiza las valoraciones de las nuevas tecnologías aplicadas al hogar, la variable relacionada más relevante resulta ser **"la no necesidad"**. El porcentaje de entrevistados que manifestaba **"no tengo necesidad"** resulto significativamente alto para darse estadísticamente por azar. Así, que el autor profundizó en las

---

[41] Mackay y Gillespie Extending the Social Shaping of Technology Approach: Ideology and Appropriation. In: Social Studies of Science. (698-699)

razones o factores concomitantes que podrían interferir en estos resultados. Concluyó que La respuesta de **"no tengo necesidad"** no encubría ignorancia ni falta de competencia tecnológica. Tampoco resultó ser una contestación aquiescente, para satisfacer al encuestador y concluir rápidamente la entrevista. Del mismo modo, no se correlaciona con el desconocimiento de este tipo de tecnología y sus aplicaciones.

En síntesis, en la demanda de tecnología el concepto de necesidad, se convierte en aspecto subjetivo relativo a la imagen social de cada una de las tecnologías, lo que condiciona la demanda, más que su funcionalidad. Indudablemente a pesar de que este aspecto sea decisivo y explique la mayor parte del comportamiento *no racional* de la demanda, otros son los condicionantes de interés. Entre ellos, es curioso destacar – hecho en el que son coincidentes la mayoría de los estudios- que, contrariamente a lo que podría suponerse el coste económico no es uno de los motivos centrales que justifiquen la *no adopción* de ciertas tecnologías. Por el contrario, los resultados de los análisis de **Meyer & Schultz** permiten concluir que, por este orden:

- Ahorro y simplificación del trabajo
- Facilidad de uso
- Control del tiempo
- Control remoto de los dispositivos
- Reducción del ruido/ahorro de energía
- Impacto ambiental
- Abaratamiento de costes

otros son los motivos resultan más relevantes en la compra y uso de tecnología.

La globalización nos trae imágenes que ilustran este hecho y ponen de manifiesto la subjetividad del concepto de **necesidad** y *deseabilidad* en la adquisición de las tecnologías

"Desigualdad global. La desigualdad también se ha hecho global, como las comunicaciones. Las más modestas casas de cualquier país del mundo han aprendido a sobrevivir conectadas al mundo exterior de la mano de las antenas parabólicas, como en este pueblo del oeste de Rumania"
Fuente: Revista Magazine del Diario Información 10 Abril '05

Así, las relativamente precarias condiciones económicas de la vida de esta comunidad, que se reflejan en la imagen, no impiden que se considere necesaria la tenencia de antenas parabólicas que les permita una conexión con el exterior y el mundo global de la información.

En definitiva, la oferta del mercado del **hogar digital** para resultar efectiva, ha de tener en cuenta la combinación de los aspectos relativos a la demanda combinada, del mercado inmobiliario y el de las tecnologías. Como consecuencia, resulta muy complejo elaborar un modelo de negocio adecuado pues son muchos los aspectos y agentes sociales a coordinar, e intereses a satisfacer. Una primera aproximación nos ha dejado ver, que el comportamiento *no racional instrumental* de los consumidores en el mercado es un factor fundamental. Pero además, son otros los aspectos y variables que interactúan con este comportamiento. Estos más previsibles y que afectan a comportamientos más utilitarios están compuestos por características sociodemográficas y variables relacionadas.

La demanda de los jóvenes

La composición demográfica y situación social de los jóvenes (menores de 20 años), aproximadamente un **23,5%**[42] de la población, de los que un **55%** entre **18** y **34**[43] años, siguen viviendo con sus padres, condiciona las características centrales de su tipo de demanda.

Este segmento de población, que tiende a disminuir sus efectivos en el futuro, hecho que puede ser compensado por las corrientes de inmigración y cierto repunte de la natalidad, es el más proclive a la introducción de todo tipo de tecnologías en el hogar. Demanda que no se deja sentir de momento en el mercado, pues la edad media de abandono del hogar para los jóvenes es de **29 años**[44]. Este retraso respecto a sus verdaderos deseos, responde a factores estructurales, la precariedad de los empleos, bajos salarios y dificultades para acceder a la vivienda.

El **Informe Prohome**, también provee interesante información sobre cuáles son las características específicas de la demanda por parte de este colectivo:

- "Menor dimensión y número de habitaciones para las parejas que se emancipan, a consecuencia de un menor número de hijos por familia que en décadas anteriores, y también a que el coste de una vivienda más pequeña es más fácil de asumir para estas parejas que acceden por primera vez a ella.

---

[42]   Eurostat (Statistical portrait of the European Union 2007)

[43]   Observatorio Joven de Vivienda de España (2005) , y Consejo de la Juventud de España

[44]   Según un estudio realizado por el catedrático de Sociología de la UNED Miguel Requena Díez de Revenga, presentado en el 2006 por la Fundación de Cajas de Ahorros (FUNCAS).

- Necesidad de espacios independientes, como consecuencia de una mayor individualidad en el interior de las familias.

- Distribución interior con habitaciones de dimensiones similares, adaptada al hecho de compartir pisos entre los jóvenes, con especial mención del colectivo universitario que es el que en mayor medida, demanda vivienda para compartir. Los estudios son la causa de las salidas más tempranas de la vivienda familiar, es el motivo más frecuente entre los 18 y los 22 y sigue siendo importante hasta los 25." [45]

Por otra parte, destaca que las diferentes alternativas que se ofertan en el mercado no cumplen las expectativas previstas por los jóvenes. Esta situación supone que, aunque no se disponga de los suficientes medios económicos, se opte mayoritariamente por la compra, quedando desatendido el mercado de alquiler.

Tal vez, una de las formas más razonables de ayudar en la emancipación de los jóvenes sea a partir del alquiler de su primera vivienda y, una vez consolidada su situación social y laboral, puedan pasar a la adquisición, acogiéndose a cualquiera de las ayudas previstas por las distintas Administraciones Públicas." [46]

Junto a estas iniciativas institucionales, las empresas inmobiliarias también han ido detectando estas tendencias en la demanda, y algunas intentan adecuarse a ellas.

A este respecto, el mercado ya ha desarrollado diversos productos que se corresponden con algunos de los tipos de vivienda arriba mencionados. Así, por ejemplo la idea de **"Loft-Cube"** es un tipo de vivienda, barata, versátil y orientada a las necesidades de las viviendas del tipo 1 (jóvenes solos) y 3 (parejas jóvenes sin hijos). En España el producto se ha comercializado por la empresa **Studioroomadrid.** Los interioristas de esta entidad, **Francisco Polo** y **Markus Herchet,** evidencian las ventajas de este producto presentándolo como "solución ideal a la escasez de la vivienda".

---

[45] PROYECTO PROHOME Informe A3. Necesidades básicas de los usuarios en la vivienda. El Proyecto PROHOME está promovido y financiado parcialmente por el Programa PROFIT del Ministerio de Ciencia y Tecnología. Diciembre de 2003. Pág. 8

De **36m^2**, y compuesta de módulos (incluso está preparada para albergar una mini piscina en su tejado), el precio básico de esta vivienda oscila entre **55.000** y **60.000** euros, sin incluir los enganches de agua, luz o desagües. A ello hay que añadir los costes del acondicionamiento de la azotea para un peso medio de cinco toneladas; requiere además vallas de seguridad y una estática determinada.

Se trata sin duda de una solución muy creativa pero la generalización de este tipo de viviendas puede conllevar problemas relacionados con la habitabilidad, usos incompatibles con el resto de inquilinos del inmueble, gestión de residuos, participación en la comunidad de propietarios, etc.,... a los que no se hace referencia. Por otra parte estas viviendas, móviles y baratas, una solución ideal para muchos, pueden suponer un agravio comparativo para otros y ser definidas en cierto modo como parásitas. Así mientras éstas disfrutan, sin apenas limitaciones, de las mejores vistas, su precio respecto a los áticos es manifiestamente menor. Todo dependerá en definitiva, del modo en que este producto se presente en el mercado y de la posterior definición social que se haga del mismo, en función de la demanda y de diversos intereses en contexto. Como hemos comentado reiteradamente, es la apropiación de los consumidores, el proceso que acaba definiendo el producto y reorientando la demanda. En este sentido, y respecto al análisis de la información solicitada por los potenciales compradores, únicamente el **20%** de éstos piensan en colocar un **"loft-Cube"** o casa cúbica en una azotea, la mayor parte han pensado en otras ubicaciones y aplicaciones.

Sea como fuere, el interés de los agentes inmobiliarios es creciente respecto a este producto. Como indica el propio Aisslinger, creador de la idea, "los agentes inmobiliarios, parecen dispuestos a invertir en la adaptación de sus tejados, conscientes de que es un espacio infrautilizado que pueden alquilar durante varias décadas"

Loftcube: hogar móvil para nómadas urbanos

Información ofrecida por **PATLLARI**

"En el festival berlinés de diseño DesignMai se presentó sobre los tejados de Berlín el 'Loftcube', un proyecto común de la empresa científica DuPontTM de Nemours y del diseñador berlinés Werner Aisslinger, que explora nuevas visiones para la vivienda en una sociedad cada vez más móvil.

El concepto del proyecto: aprovechar los tejados planos de los edificios para viviendas temporales. 'Los tejados son suelo urbano sin aprovechar que se podría utilizar y comercializar. Constituyen un tesoro de lugares soleados en el centro de las áreas urbanas.' Para ocupar este nicho de mercado, Aisslinger ha diseñado una unidad móvil de vivienda, el 'Loftcube', que ofrece un espacio personalizado para vivir y trabajar en el corazón mismo de la ciudad.

Teniendo en cuenta la creciente tendencia de tener oficina en casa, Aisslinger ha diseñado dos versiones de su 'Loftcube', para vivienda y para despacho, de 36 m^2 cada uno.

Un nuevo estilo de vida sobre los tejados coloca 'arriba' a los directivos modernos

El 'Loftcube' de Aisslinger se encuentra en una ubicación espectacular: el tejado de un antiguo almacén frigorífico de huevos, cercano al río Spree, que ahora alberga las instalaciones de Universal Music Deutschland. Los dos 'Loftcubes' ilustran una nueva forma de vida en las grandes ciudades: una opción que, según opina Aisslinger, 'resultará igual de atractiva tanto para los jóvenes como para los ejecutivos ya establecidos'.

'A los jóvenes, les encantará la idea de reunirse en comunidades sobre los tejados -flotando por encima de la ciudad, pero cerca de la acción.' El 'Loftcube' también tiene un gran potencial de cara a los directivos modernos, muchos de los cuales trabajan lejos de su casa y cambian a menudo de destino. Para ellos, tener un Loftcube sería como tener una 'extensión de casa', convenientemente ubicada en el tejado de su empresa o de un edificio cercano, lo cual resultaría mucho más agradable incluso que una lujosa suite de hotel.

Fuera de la vida laboral, Aisslinger cree que el 'Loftcube' tiene un gran potencial para gente de todas edades y estilos de vida, al ofrecer una manera novedosa y sofisticada de disfrutar de los placeres de la vida urbana.

Edificios móviles para un nuevo tipo de propiedad inmobiliaria

Los arquitectos utilizan el calificativo de móvil para referirse a construcciones temporales no vinculadas a una ubicación en concreto. El 'Loftcube' de Aisslinger va incluso más lejos en este sentido, aunque su visión plantea algunas cuestiones obvias, como por ejemplo el transporte de estas unidades.

La opción más cara sería con un helicóptero de carga, que podría llevar el 'Loftcube' de un emplazamiento a otro. También se podría mover con una grúa o incluso desarmar para transportar de diversas maneras. Otra opción aún más económica serían 'Loftcubes' de alquiler.

Tras presentar su idea, Aisslinger está impaciente por ver el progreso del proyecto. '¿Van los dueños de edificios a dotar sus tejados de las instalaciones necesarias para que los 'Loftcubes' sean viables?'. Aisslinger cree que las inversiones para ello serían razonables. Habría que comprobar la resistencia a cargas, aunque ello no debería ser un problema, puesto que el prototipo se diseñó teniendo en cuenta la capacidad de carga estándar de un tejado. También habría que instalar barandillas y suministros de agua, luz, teléfono, etc.

Las reacciones iniciales han sido positivas. Dice Aisslinger: 'Cuando se trata de alquilar propiedades existentes sin grandes inversiones, los propietarios siempre están interesados.' Lejos de ser una visión de fantasía, los 'Loftcubes' representan, según Aisslinger, una posibilidad perfectamente viable. Para los interesados, Aisslinger ha presupuestado un coste de unos 55.000 euros por 'Loftcube'. La producción en serie del prototipo evitaría demoras en la fase de puesta en obra. Y como la lista de eventuales asociados de Aisslinger incluye astilleros, incluso ha previsto su transporte por vías navegables.

La utopía, según Aisslinger, no es el concepto de contenedor de hogar en sí: 'Aquí la utopía y la cuestión clave será si los inversores se atreverán a alquilar tejados y a acondicionarlos para 'Loftcubes'. ¿Acaso está a punto de empezar la colonización de los tejados urbanos?

Para hacer realidad su concepto futurista, Aisslinger utilizó materiales de DuPontTM comoCorian®, Zodiaq® y Antron® y aprovechó sus propiedades específicas para crear un entorno sumamente funcional y al mismo tiempo estéticamente agradable."

Fuente: Todo arquitectura.com

Dupont Corian®

La demanda de hogares monoparentales

Este colectivo supone entre un **5%** y un **10%** de los hogares actuales, pero esta cifra esconde, de nuevo, la falta de adecuación de la oferta a la demanda, pues realmente esta última es mayor y se prevé en aumento.

> "En concreto, la demanda de viviendas de menor dimensión cada vez es mayor y, según las previsiones, aumentará en los próximos años, "va a aumentar el número de hogares unifamiliares". Este tipo de demanda, actualmente no está satisfecho por la oferta. Por ejemplo, en el área metropolitana de Barcelona entre un 12 y un 21% de los hogares están compuestos por un solo individuo, y sin embargo, la oferta actual de estudios y viviendas de un dormitorio sólo es de un 3%"[47]

Una de las consecuencias inmediatas del aumento en el número de separaciones conyugales, que se traduce espacialmente, es la necesidad de una nueva residencia para uno de los dos cónyuges. Esto junto al aumento de personas, sobre todo mujeres, mayores que mantienen su buen estado de salud hasta edad avanzada y que optan por vivir solas y la resistencia al matrimonio de gran parte de jóvenes, genera un aumento en la demanda de viviendas pequeñas. En este sentido la oferta comienza a ser receptiva y aumenta el número de casas pequeñas, estudios y viviendas de un solo dormitorio, que ofrece.

Así, otra de las **iniciativas de la promoción inmobiliaria actual**, más destacable, es la que se orienta a la construcción de viviendas específicas para personas separadas o divorciadas, lo que en nuestra clasificación corresponde al tipo de vivienda 8. Este tipo de viviendas pequeñas, de un solo dormitorio, y algunas de ellas con tabiques móviles y estructura flexible, han incrementado espectacularmente su demanda en las grandes áreas metropolitanas, pasando a representar hasta un 25% o 30% del

---

[47] **PROYECTO PROHOME** Informe A3. Necesidades básicas de los usuarios en la vivienda. El Proyecto PROHOME está promovido y financiado parcialmente por el Programa PROFIT del Ministerio de Ciencia y Tecnología. Diciembre de 2003. Pág. 6

total de hogares. Así, diversas son las iniciativas de distintas promotoras en Madrid, como **Nozar, Detinsa, y Vallehermoso.**

Desde la Asociación Nacional para la **Vivienda del Futuro ANAVIF** -liderada por **Luís de Garrido** uno de los arquitectos más prolíficos y destacados, en proyectos tecnológicos y medioambientales aplicados al hogar-, las propuestas presentadas también resultan de interés. El proyecto **Vivienda del futuro** trata de identificar nuevas necesidades constructivas y tipos de viviendas teniendo en cuenta diversos criterios:

- Nuevos materiales ecológicos
- Flexibilización de espacios
- Domótica y telecomunicaciones
- Nuevos materiales
- Mobiliario flexible y ergonómico
- Acondicionamientos bioclimáticos, etc.

Todo ello, siguiendo rigurosamente parámetros medioambientales, saludables, sostenibles, y orientado a satisfacer las necesidades previsibles del habitar humano en los próximos años.

VAL-1
Se trata de una vivienda rehabilitada de **85 m²**. Está completamente acabada, pero dado el carácter de prototipo y la enorme cantidad de tecnología de control y telecomunicaciones que incluye nunca tendrá un aspecto completamente finalizado.

VAL-2
Se trata de una vivienda rehabilitada de **70 m²**.

VAL-3
Se trata de una vivienda rehabilitada de **120 m²**.

VAL-4
Se trata de una vivienda de nueva planta de unos **400 m²**.

En definitiva, mientras la mayor parte de la oferta sigue planificándose para viviendas de dos o tres dormitorios como la opción más segura y estándar, la demanda se diversifica y reclama nuevos tipos de estructuras y composiciones en las viviendas. De modo que puede resultar interesante y quizás más rentable, promover tipologías diferentes, adaptadas a necesidades específicas. Además, estas necesidades van a condicionar el tipo de instalaciones de automatización necesarias para cubrirlas.

La demanda de los mayores

En España la esperanza de vida se sitúa en torno a los **77 años** para los hombres y alrededor de **83** para las mujeres[48]. Ello junto al descenso de la natalidad y al hecho de que hacia el **2020**, la generación del **"baby-boom"**, (nacidos en los 60), serán mayores, hace que este colectivo tenga un peso importante en la actual y futura demanda de hogares. Al igual que en los casos anteriores este colectivo tiene unas necesidades específicas, sobre todo relacionadas con la salud y la calidad de vida, a las que precisamente los sistemas relacionados con el hogar inteligente dan buena respuesta.

Hay que tener en cuenta, que casi dos tercios de las discapacidades las sufren las personas mayores, y que en términos globales casi un tercio de las personas con **65** y más años sufre algún tipo de discapacidad, con lo que las necesidades propias de la discapacidad se sumarían a las específicas del colectivo de tercera edad.

Cuadro 21

Población de 60 a 65 años		Población de 65 años y más	
Total	791.432	1.423.960	
Discapacidad moderada	295.818	425.049	
Discapacidad severa	255.387	479.870	
Discapacidad total	227.099	487.843	

Fuente: Proyecto Prohome. P. 11 Población discapacitada en España. A partir de datos del INE. Estudios demográficos 1999

La mayor parte de este colectivo **84,6%** (EUROSTAT, 1999) vive en su propio hogar y de ellos el **38,5%** viven solos. El resto de

---

[48]   Eurostat (2007), este mismo organismo prevé que la esperanza de vida de los españoles aumentará de aquí al 2050 y llegará a 87,9 años para las mujeres y 81,4 para los hombres.

opciones como las residencias, centros de día, viviendas compartidas o integración en el hogar familiar de los hijos (10% de los casos), son en general, opciones menos deseadas por este colectivo. Los datos ponen de manifiesto que los mayores continúan viviendo en sus propios hogares siempre que les es posible. Pero esta situación produce un desajuste entre el tipo de vivienda y los usos y necesidades reales de sus inquilinos. La mayor parte de las viviendas en las que reside este colectivo, son viviendas que han soportado la evolución del ciclo familiar anterior al que ahora se encuentran sus moradores. Por ello, son casas que en su distribución y prestaciones han quedado obsoletas, desajustándose el equilibrio deseable entre estructura y función. Estas viviendas son mayores de lo necesario y poco confortables – falta de calefacción, electrodomésticos como microondas, video, lavavajillas etc.,- para satisfacer las necesidades específicas de los mayores. De este modo, estos hogares poco funcionales a estas situaciones, deberían al menos poder aprovecharse de la implementación de sistemas domóticos relacionados con la **seguridad**, **salud**, y **sistemas de alerta**.

Esta situación también provee un nuevo nicho en el mercado, que debe de prepararse para satisfacer la demanda de un nuevo tipo de hogar más funcional para los mayores. El obstáculo central en este caso, es el gran arraigo de los mayores a su residencia, asociada a vivencias afectivas y con una carga simbólica y emocional muy fuerte. Si a ello unimos el hecho de que muchos de estos hogares se encuentran en zonas centrales de las ciudades, que han ido revalorizándose con el tiempo, configura a los mismos como auténticos patrimonios de los que no es deseable desprenderse.

Desde una visión prospectiva hay que tener en cuenta que dentro de 10 o 15 años las viviendas de tipo adosado, que han proliferado de manera notable en las áreas metropolitanas de nuestras ciudades, serán espacios poco accesibles y repletos de barreras arquitectónicas para sus moradores. Este tipo de viviendas, han puesto de manifiesto con el tiempo, su ineficacia en este sentido, obligando a los promotores y constructores a modificar su oferta. La mayor parte de estas construcciones no disponían de habitaciones en la parte inferior de la vivienda, lo que supone un inconveniente que no tiene en cuenta posibles eventualidades que afecten a sus moradores y que pueden convertir las escaleras en un obstáculo insalvable. Por ello mismo, los últimos modelos de este tipo de vivienda, sobre todo en los estándares más altos, incluyen alguna habitación aunque de dimensiones reducidas, en el piso inferior.

La demanda de las personas con discapacidad

La preocupación por las personas con discapacidad cobra un especial interés, al hilo de las innovaciones tecnológicas actuales. Estas, sobre todo en su aplicación a la domótica y sistemas inteligentes, suponen una gran ayuda y apoyo a las necesidades funcionales de este colectivo. A pesar de ello, y paradójicamente, los avances tecnológicos suponen una doble vertiente para este tipo de personas, por un lado la tecnología les ayuda, de una manera espectacular en algunos casos, en la superación de sus discapacidades, pero por otra el frenético ritmo de las innovaciones tecnológicas en general, supone una presión añadida a su situación. Ello es debido a que a las dificultades de cualquier persona para adaptarse a los nuevos retos tecnológicos, este colectivo añade las de su discapacidad. A pesar de ello, y teniendo en cuenta esta consideración, la atención del mercado de la domótica a este público pone de manifiesto, los éxitos que de estas aplicaciones en el hogar puedan conseguirse.

La legislación a este respecto se encuentra en desarrollo y no es obligatoria excepto para espacios públicos, institucionales o para construcciones específicas destinadas a este colectivo. La tabla que facilita el **Proyecto Prohome** resulta ilustrativa para conocer la situación actual, la composición y porcentajes de cada tipo de discapacidad y con ello las necesidades específicas de este colectivo.

Cuadro 22

	Población de 6 a 64 años		Población de 65 y más años	
	Con discapacidad	Tasa por 1000 hab.	Con discapacidad	Tasa por 1000 hab.
Total	1.405.992	45,94	2.072.652	322,11
Ver	304.512	9,95	697.778	108,44
Oír	295.869	9,67	665.479	103,42
Comunicarse	179.092	5,85	180.264	28,02
Aprender, aplicar conocimientos y desarrollar tareas	238.984	7,81	335.426	52,13
Desplazarse	414.649	13,55	809.383	125,79
Utilizar brazos y manos	447.985	14,64	644.887	100,22
Desplazarse fuera del hogar	737.489	24,10	1.352.194	210,15
Cuidar de si mismo	215.048	7,03	561.830	87,31
Realizar las tareas del hogar	475.693	15,54	984.881	153,06
Relacionarse con otras personas	230.197	7,52	338.519	52,61

Fuente: Proyecto Prohome. P. 11

Como puede observarse, la mayor incidencia de discapacidades se da en el grupo de los mayores, por lo que a sus necesidades específicas han de añadirse las de la discapacidad.

Otra observación interesante, es destacar que las discapacidades más frecuentes están relacionadas con la movilidad física, por lo que los elementos arquitectónicos relativos a este tipo de discapacidad son de espacial relevancia. Estos en combinación con los sistemas domóticos, que permiten controles remotos y la mecanización de diversas tareas, son útiles en la creación de entornos que puedan satisfacer las necesidades de este colectivo.

Colectivo de personas con discapacidad y mayores (en menor medida):

Cuadro 23

Beneficios derivados de la automatización
Simplificación de tareas
Posibilidad física de acción
Independencia
Movilidad
Seguridad
Comunicación en el interior y hacia el exterior de la vivienda

Cuadro 24

Servicios y aplicaciones básicas
Aplicaciones habituales de la domótica (confort, seguridad, etc.)
Apertura automática de puertas y ventanas
Mandos a distancia como interfaces de usuario
Control de equipos de audio y video
Monitorización y alarmas de salud
Comunicaciones

Cuadros 25 y26 Fuente: Proyecto Prohome, p. 16

El inconveniente en este caso, para promotores y constructores es la necesidad de dotación de espacios mayores en las casas, lo que supone una limitación para el fomento de este tipo de viviendas. Estas dotaciones de mayor espacio, suponen en si un aumento del coste de la vivienda además de un coste inferido, ya que a ellos han de sumarse, en ocasiones, ciertos elementos estructurales que también la encarecen.

En contra de esta situación, **los espacios deberían concebirse bajo los estándares de personas con discapacidad para ser disfrutados por todos; los espacios aptos para personas con discapacidad lo son para todos pero no viceversa.** Como decimos, la limitación a este planteamiento es que las actuaciones bajo esta premisa, aumentan el coste de la edificación de modo que promotores y constructores no consideran la rentabilidad que a medio y largo plazo éstas puedan suponer. La demanda acogería bien estas actuaciones, ya que darían solución no únicamente a las minusvalías permanentes. Si ampliamos esta perspectiva, podemos extender este concepto más allá de la consideración tradicional, y observaremos que muchas de las situaciones de la vida cotidiana, y que se dan a lo largo de nuestra vida, están relacionadas con este concepto. Así la ancianidad sin discapacidad, la niñez, el embarazo, las incapacidades transitorias etc., son un motivo más que suficiente para que los consumidores, aprecien este tipo de innovaciones constructivas. Otro aspecto importante a tener en cuenta a este respecto, es que al igual que la tecnología, todos estos elementos de accesibilidad, deben de ser transparentes para el usuario, es decir, no deben de convertir el ambiente del hogar en un espacio manifiestamente diseñado para personas con discapacidad.

La demanda de los turistas: turismo residencial[49]

Desde mediados del siglo pasado, España y más en concreto sus zonas más soleadas, se ha convertido en un destino turístico de primer orden. Así, tomando la zona levantina como paradigma de este tipo de turismo, las primeras urbanizaciones de baja densidad, son el origen de una actividad inmobiliaria que alcanza un auge sin precedentes.

La demanda de turismo residencial se estructura respecto a dos tipos de compradores:

*   **Demanda nacional**, pues la bonanza económica de las últimas décadas ha permitido a los ciudadanos la compra de una segunda vivienda turística.
*   **Demanda extranjera**, en su mayor parte ciudadanos de la Unión Europea, que atraídos por el buen clima y las condiciones económicas más favorables, respecto a sus países de origen, deciden fijar aquí su residencia.

---

[49] La expresión turismo residencial se ha convertido en un vocablo exitoso, empujado sin duda por su utilización y difusión a partir del sector inmobiliario. Pero, paradójicamente a su divulgación y utilización, es un término que esconde una contradicción o inconsistencia semántica. Este hecho junto a las trasformaciones sociales actuales relacionadas con: las migraciones, nuevas y distintas formas de turismo y los procesos de movilidad residencial, todos ellos relacionados con la globalización, hacen necesaria una revisión de este concepto, en la que ya trabajan los especialistas.

A este respecto, es interesante destacar algunos datos de la provincia de **Alicante**, por ser este nuestro ámbito más cercano, y una de las zonas más activas del país en la demanda de turismo residencial. Tan sólo en la provincia de **Alicante** se han construido más de **350.000 viviendas** turísticas durante el periodo **1960-2000**. En este sentido, y como indican los datos de la **Asociación Provincial de Promotores**, el turismo residencial en la provincia de **Alicante** es un eje central de la promoción inmobiliaria. Según estos datos, la demanda de turismo residencial es un fenómeno especialmente relevante en esta provincia, si tenemos en cuenta que el **90 %** de la inversión inmobiliaria extranjera en la **Comunidad Valenciana**, en **2002**, se concentró en el litoral alicantino.

En los últimos años las previsiones señalan que la demanda extranjera se encuentra en alza con un crecimiento interanual del **15,8 %**. Varios son los factores que aun continúan impulsando esta demanda, entre ellos cabe destacar la política de las líneas aéreas de bajo coste, y el *rejuvenecimiento de los jubilados*. En cuanto a los vuelos de bajo coste, se trata de una política que propicia la movilidad de los extranjeros y favorece su demanda residencial. Así, el director de **Air Berlín**, declara que el **90 %** de sus pasajeros son propietarios de una residencia en España. Respecto a lo que hemos denominado como *rejuvenecimiento de los jubilados*, se refiere a la anticipación de la jubilación, y también al hecho de que este colectivo alcanza edades más avanzadas con un buen estado de salud. Estos aspectos repercuten directamente en el incremento y configuración de su demanda. La jubilación anticipada proporciona un mercado potencialmente mayor y el *rejuvenecimiento de los jubilados* condiciona un estilo de vida "culturalmente más joven", que marca las pautas de su demanda.

Este colectivo generalmente, ya cuenta con una marcada experiencia turística previa a la adquisición de su residencia. Sucesivas visitas a nuestra zona les dan la oportunidad de conocer distintas localidades en las que fijar su residencia definitiva. Así, y una vez liberados de sus obligaciones profesionales pasan largas temporadas, sobre todo las de invierno, y posteriormente deciden fijar permanente o semi-permanentemente su residencia, en busca de una mayor calidad de vida.

De este modo, y con el objeto de satisfacer esta demanda, promotores inmobiliarios y corporaciones locales han ido configurando un modelo de desarrollo turístico y promoción inmobiliaria diversificado, en la provincia de **Alicante**. Este mercado inmobiliario ofrece al mismo tiempo viviendas de alto coste en las comarcas alicantinas de la **Marina Alta**, **La Marina Baja** y las playas de **Orihuela**, como también atiende una demanda de menores recursos en las zonas del bajo Segura, **Torrevieja**, **Rojales**, **San Miguel de Salinas** o **Formentera del Segura**. Esta oferta tan variada, facilita el aumento de compradores potenciales que actualmente y dada la saturación del litoral se desplazan a lo que podríamos denominar, *segunda o tercera línea,* o al interior. Esta situación de colapso y saturación del litoral está provocando que las nuevas promociones inmobiliarias se desplacen hacia localidades del interior.

Como bien señala **Tomás Mazón** Profesor de la Universidad de Alicante y especialista en Turismo, en sus investigaciones en los últimos años sobre el turismo residencial en la Provincia de Alicante:

> "Hay que destacar, que hablando de turismo residencial y fundamentalmente de la demanda de extranjeros, esta se está ampliando a las zonas del interior de la provincia de Alicante. Si en un primer momento, la atracción estaba protagonizada por los municipios del litoral y posteriormente, por aquellos que conforman una segunda y tercera línea de la costa, en la actualidad, y debido a las mejoras que se han producido en las infraestructuras viarias, son muchos los extranjeros que prefieren realizar sus compras inmobiliarias en localidades del interior, valorando muy positivamente aquellas promociones que se centran en ofertar viviendas aisladas –ya no valoran la oferta de adosados, pareados, etc.-, disponiendo de una amplia parcela. Esta novedosa situación ha comenzado a revolucionar el mercado turístico residencial, ya que nos encontramos en un momento en el que la práctica totalidad de los municipios alicantinos se encuentran en la órbita de esta nueva demanda inmobiliaria, protagonizada por ciudadanos de la Europa desarrollada"

Estas transformaciones perfilan un panorama de incertidumbre para el promotor inmobiliario que se ve impelido a responder a una nueva demanda. En gran medida, ésta es ya satisfecha por las iniciativas de compañías extranjeras, que proliferan en la zona norte de la provincia, **Denia**, **Calpe**, **L'Alfaç del Pí**, lo que obliga a promotores y constructores, a convenios, alianzas, etc., con las empresas extranjeras, a riesgo en caso contrario, de verse excluidos del mercado. Otra estrategia competitiva pasaría por analizar esta nueva demanda que parece se orienta a un tipo de vivienda aislada con buenas dotaciones y calidades constructivas.

3 TENDENCIAS, INICIATIVAS Y PROYECTOS

Muchos son los distintos aspectos que suponen un contexto de innovación, y que actualmente configuran las nuevas tendencias de lo que se ha dado en llamar el "hogar del siglo XXI", la **casa digital**, el **e-home**, la casa conectada, y otras tantas acepciones más. La implementación en las viviendas de cualquiera de ellos, constituye una novedad que se plasma en el producto final, pero esto no supone la exclusión de los demás. Ello es debido a que la modificación, de uno u otro de los aspectos a considerar, traerá a medio plazo transformaciones en el resto, máxime cuando en el mercado y la sociedad, las tendencias que aquí se presentan se orientan en una misma dirección: la configuración de una nueva vivienda y una nueva concepción del espacio arquitectónico.

La decisión de los promotores en la introducción y aplicación de unas u otras innovaciones en sus construcciones, dependerá de si se considera un único aspecto o varios, y de la viabilidad económica resultante, al aplicar dichas novedades. Estos han de considerar el papel que juegan como configuradotes de la demanda, en el mercado inmobiliario, junto a los costes y repercusión de la implementación de este tipo de actuaciones. Sacrificar los beneficios inmediatos puede ofrecer una mayor rentabilidad, a medio y largo plazo, así como una posición preeminente y distintiva en el mercado inmobiliario.

En este sentido, las tendencias actuales por parte de los promotores, se centran en la oferta de sistemas domóticos incluidos en la vivienda. Este servicio, en forma de paquetes estándar (Software, Hardware, dispositivos...) y suministrado por las empresas de domótica, no requiere una infraestructura muy costosa para el constructor, pero si supone una oferta atractiva, para un cierto segmento de población ávido de innovaciones tecnológicas, y familiarizado con ellas. El desarrollo imparable de las tecnologías de la información y la comunicación (TIC), unido a la domótica deberían acelerar el proceso en esta dirección, pero serán los consumidores finales, quienes con su uso, darán forma más concreta a la demanda.

Junto a esta tendencia, existen otros muchos aspectos, que aunque más tímidamente o con menor repercusión mediática, pueden suponer autenticas y profundas transformaciones en las viviendas, y en el concepto global de construcción de éstas.

- **La vivienda ecológica** [50]
- **La vivienda bioclimática**[51] **y sostenible**[52]
- **La vivienda domótica**
- **La vivienda flexible y reconvertible**

---

[50] El concepto de casa vivienda o construcción ecológica hace referencia a un tipo de hábitat respetuoso y que integra su medioambiente, e incluye al mismo tiempo las consideraciones relativas a la sostenibilidad y bioclimatismo. Esto significa que los criterios que rigen la construcción de viviendas ecológicas incluyen los bioclimáticos, (disposición y diseño de los elementos estructurales de la casa junto con la utilización de diversos materiales, con el objeto de aprovechar la ventilación el calor, la luz etc. en aras de la eficiencia energética que nos permita prescindir de otras fuentes alternativas), la bioconstrucción (utilización de elementos y sistemas de producción ecológicos), y la construcción sostenible (utilización de materiales y recursos ecológicos locales). Por el contrario una vivienda bioclimática puede no tener en cuenta materiales, sistemas de producción y consideraciones ecológicas. Es decir, la acepción de vivienda ecológica es más amplia y aglutina otras que pueden presentarse aisladamente sin ofrecer un resultado que permita clasificar a la construcción como ecológica.

[51] Más precisa que la noción anterior la arquitectura bioclimática se orienta a producir una elevada eficiencia energética, lo que puede suponer un ahorro de energía de hasta un **60%**. Intenta además conseguir una aclimatación térmica a base de la orientación, el diseño y los materiales utilizados en la construcción de la vivienda. Ello no obstante, no debe suponer un encarecimiento del proceso constructivo, ni ningún perjuicio estético para la vivienda. La implementación profunda de criterios bioclimáticos en combinación con nociones ecológicas puede convertir a viviendas de estas características en construcciones autosuficientes energéticamente y altamente respetuosas con el medio ambiente.

[52] El concepto sostenible se generaliza a diversos ámbitos a partir de la Cumbre de Río de 1992, éste se refiere a la compatibilidad del crecimiento económico con el principio de equidad social y protección del medioambiente junto al aprovechamiento de recursos.

- **La vivienda accesible**

Así los criterios que condicionarán la construcción de nuevas promociones inmobiliarias y en menor medida la rehabilitación y adaptación de las ya existentes, y que deben considerarse de manera integrada, en torno a los que se constituirá el mercado de la vivienda son:

- Características sociodemográficas cambiantes
  - Nuevas tipologías de familia
  - Envejecimiento de la población
  - Inmigración
  - Nuevas formas de convivencia
  - Atención a las situaciones de discapacidad

- Introducción y convergencia tecnológica en el hogar (domótica y TIC)
- Consideración y valor de los criterios ecológicos de sostenibilidad y accesibilidad, por el sector inmobiliario

Desde el interés meramente constructivo y de promoción inmobiliaria estos criterios y actuaciones se centran en torno a los siguientes ámbitos de interés:

- Nuevas concepciones del espacio y diseño de viviendas
- Facilitación de nuevas estructuras para viviendas y edificios
- Nuevos equipamientos domésticos
- Construcción respecto a criterios de sostenibilidad (ecología, bioclimatismo, nuevas fuentes de energía limpia, nuevos materiales, etc.)
- Nuevos servicios básicos para la vivienda y el usuario

Por todo ello, es necesario un buen marco teórico pluridisciplinar que conceptualice este nuevo tipo de vivienda. **SE TRATARÍA DE UN NUEVO TIPO DE VIVIENDA QUE INTEGRE TODOS LOS ASPECTOS A TRATAR**. Operativamente este es un planteamiento muy complejo, ya que tratar de integrar todos los aspectos supondría inconsistencias y contradicciones a diversos niveles; lo que puede resultar recomendable para ciertos aspectos puede ser incompatible con otros. Por ejemplo si atendemos al diseño, ciertos materiales pueden resultar poco eficientes o altamente contaminantes, del mismo modo, elementos de accesibilidad física pueden ser poco ornamentales, etc., A ello hay que añadir los costes directos e indirectos al modificar el proceso global de construcción, por lo que su implementación no parecería rentable. En definitiva, se trataría de elaborar un marco de actuación que tuviera en cuenta estos criterios, integrándolos de modo que se paliaran en la mayor medida posible, estas contradicciones e incompatibilidades y haciéndolos eficientes desde el punto de vista de la habitabilidad y la rentabilidad constructiva.

El esquema del laboratorio de arquitectura del (Instituto Tecnológico de Massachussets), refleja adecuadamente nuestra visión integral desde la que pensamos debe abordarse la estructura de la oferta inmobiliaria. Con la casa como elemento central, el siguiente gráfico muestra la superposición de diferentes aspectos implicados en la futura configuración de la vivienda.

Gráfico 3

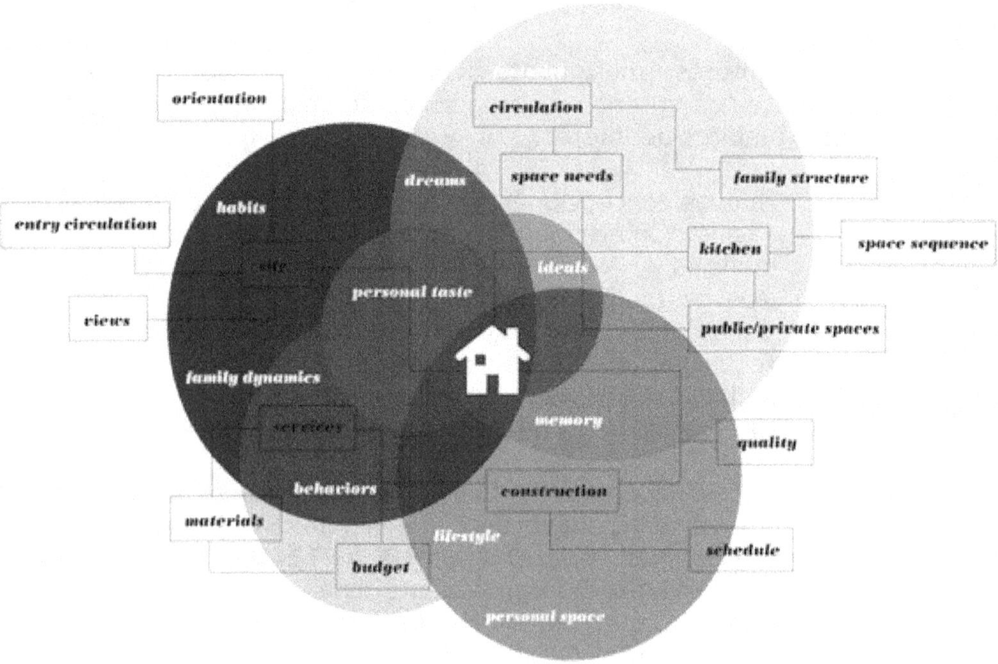

Fuente: **MIT**

118

Para ello, a continuación pasan a exponerse las diversas tendencias que se observan en el mercado, ilustrándolas a partir de diversos ejemplos e iniciativas, y las previsiones de los expertos. Todo apunta, a que la evolución de la vivienda actual tiende hacia un modelo donde deberán converger tres aspectos básicos que ya se están dando en el mercado:

- **Demandas** de la sociedad
- Introducción de las **TIC** en el hogar
- Avance de la **sostenibilidad**, **ecoeficiencia** y **accesibilidad** en el sector residencial

Por tanto, la exposición de estas tendencias se realiza respecto a los elementos fundamentales que hemos considerado a lo largo del presente análisis: **cambios sociodemográficos**, **ecología**, **eficiencia energética**, **sostenibilidad**, **accesibilidad**, **innovaciones tecnológicas**, **nuevas visiones del espacio**, **nuevos materiales**, etc.

LA CONSTRUCCIÓN SOSTENIBLE Y LAS EXIGENCIAS MEDIOAMBIENTALES

Ya a principios del siglo pasado, **Frank Lloyd Wright** enunció su concepto de arquitectura orgánica, como la base para la construcción de espacios en armonía con la naturaleza.

> "Hace casi 100 años, Wright ofreció soluciones en la arquitectura, mostrando como se puede vivir en armonía con el medio ambiente,[...]Para su actividad escogió el nombre de "arquitectura orgánica", un término que se debía a su "lieber Meister", Louis Sullivan, si bien en su interpretación y ejecución del término llegaría mucho más lejos que Sullivan. Wright definió en ocasiones la arquitectura orgánica como una arquitectura en la cual las partes están referidas al todo, al igual que el todo a las partes: continuidad e integridad. Pero en sentido más amplio y profundo, decía que – independientemente de cuándo haya sido construido- un

edificio orgánico siempre armoniza con el presente, con el entorno y con el hombre."[53]

Actualmente nos referimos a ello con acepciones de tipo técnico como: **planificación de espacios, diseño del entorno**, etc., imprescindibles en todo proyecto de planeamiento urbanístico. Todo ello, unido a las campañas de concienciación social de los movimientos ecologistas e iniciativas institucionales, nacionales e internacionales, anuncian que todos los aspectos relacionados con la **construcción sostenible, ecoconstrucción, construcción bioclimática** etc. serán prioritarios en un futuro inmediato. Si tenemos en cuenta las cifras del **Consejo Europeo**, -el impacto ambiental del sector de la construcción absorbe el **42%** de la energía en sus diversos procesos, genera un **35%** de las emisiones en gases de efecto invernadero, y consume, en cifras globales, el **30%** de materias primas,-impulsar los cambios en el sector de la edificación y en los hábitos de consumo de los usuarios de la vivienda, se convierte en objetivo prioritario.

Ante esta situación muchas son las iniciativas orientadas a la construcción sostenible, que desde diferentes ámbitos, se vienen desarrollando. Sin embargo, en nuestro contexto la mayor parte de los técnicos y constructores adoptan actitudes conservadoras y continúan utilizando materiales y productos, que aunque ecológicamente poco eficientes, resultan más económicos y con eficacia y seguridad probadas. No obstante, promotores, constructores, fabricantes y proveedores se verán a corto plazo impelidos a cambiar esta actitud ya que el nuevo **CTE** y la normativa legal de la **Unión Europea**, promueve entre sus países miembros, la adopción de **medidas orientadas** a la fijación de **mínimos de eficiencia energética, evaluación de sostenibilidad de edificaciones, requisitos Medioambientales**, etc.

Por otra parte, la adopción de criterios sostenibles de construcción e incorporación de nuevos materiales –que supere la reglamentación del nuevo **TCE**- por iniciativa del promotor, puede suponer una interesante ventaja competitiva y oferta diferenciada en el mercado inmobiliario. Ello puede suponer a medio plazo la posibilidad de atraer la demanda de un segmento potencial del mercado, como el turismo residencial y otros, y la capacidad de

---

[53]   Bruce Brooks Pfeiffer. Frank Lloyd Wright, pp. 30-33

ofrecer, antes que nadie en el mercado, mayor calidad y experiencia en este tipo de edificaciones.

A este respecto, las iniciativas institucionales, convergen en el mercado con las privadas de algunos promotores, quienes incluso ofrecen estándares superiores a los previstos en un futuro marco legal: "guía para la edificación sostenible".

Hemos de precisar que cuando hablamos de edificación sostenible, es necesario tener en cuenta que este concepto aglutina aspectos relativos a la construcción **ecológica**, o **ecoconstrucción** y a la **bioclimática**. Esta última coadyuva a la primera, pues se desarrolla respecto a tecnologías que se orientan al aprovechamiento de energías renovables, como la **eólica**, **solar** y **fotovoltaica**, etc., con el fin de mejorar las condiciones de vida, preservar el medio ambiente y ahorrar energía. Actualmente la, tendencia es considerar conjuntamente la concepción bioclimática ecológica y sostenible y concebir proyectos, que con su integración, pretenden ir más allá de meras cuestiones formales, técnicas y constructivas. Esto nos lleva a nuevos conceptos como los de **vivienda ecoeficiente** y **autosuficiente**, concepciones más amplias y llenas de nuevo significado.

A este respecto **William McDough** y **Michael Braungart** presentan un interesante enfoque global respecto a estos conceptos, que se está convirtiendo en referente internacional de gran número de proyectos. Cuando hablamos de innovación tecnológica nos solemos centrar en los productos sin tener en cuenta que el desarrollo de nuevos procesos es determinante tanto para éstos, como para los procesos de innovación tomados globalmente. De este modo, la creativa perspectiva e importantísima labor que vienen llevando a cabo **William McDough** y **Michael Braungart**, es especialmente relevante. El fructífero maridaje entre estos dos profesionales, combina la visión arquitectónica y química en los procesos de construcción, implementación y reciclaje de entornos, que integrados en su medioambiente minimizan las externalidades negativas, de sus tradicionales procesos de producción. Su filosofía supone una nueva visión de los procesos productivos en todos lo ámbitos, centrados en la reconversión del diseño, fruto de una nueva concepción de los productos. En su libro **Cradle to Cradle, Rediseñando la forma en la que hacemos las cosas**, desarrollan su idea de un nuevo protocolo de diseño eco-eficiente, que supera la concepción tradicional centrada en las **cuatro "R" Reducir**, **Reutilizar**, **Reciclar** y **Regular**. Para **McDough** y **Braungart**, esta visión clásica únicamente retrasa las consecuencias negativas de los tradicionales diseños de producción y uso. Por ello, es necesario afrontar el problema desde su raíz, que ellos encuentran en el diseño y concepción de los productos y procesos. Por ello, su propuesta esencial, se centra en "rediseñar, repensar el modo en el que hacemos las cosas", transformando los destructivos métodos tradicionales de extracción, fabricación y deshecho, en procesos que minimicen estos efectos dañinos. La clave de esta concepción se encuentra en concebir los productos no desde el principio usual "de la cuna a la tumba" si no a partir de la idea "de la cuna a la cuna", eliminando la misma concepción de desperdicio o deshecho. No se trata únicamente de insistir en la reducción de residuos, si no de superar esta idea a partir de la concepción misma de los procesos productivos y productos, llegando a la idea "basura = alimento". Se trata de emular los procesos naturales que suponen un círculo productivo y no uno lineal destructivo.

> "El uso creativo de materiales infraciclados para fabricar nuevos productos puede ser equivocado, a pesar de las buenas intenciones. Por ejemplo, la gente puede sentir que está haciendo una buena elección desde el punto de vista ecológico al comprar y utilizar prendas de vestir con fibras hechas a partir de botellas de plástico recicladas. Pero las fibras de botellas de plástico contienen elementos tóxicos como el antimonio, residuos catalíticos, estabilizadores ultravioletas, plásticos y antioxidantes, y ninguno de ellos fue jamás diseñado para estar en contacto con la piel humana. Otra tendencia actual es el uso de papel infraciclado para aislamientos. Para su uso se deben añadir productos químicos (tales como fungicidas para prevenir los hongos) para que el papel reutilizado sea adecuado para el aislamiento, con lo cual se incrementan los problemas ya provocados por las tintas tóxicas y otros contaminantes. El aislante puede entonces liberar a la atmósfera del hogar formaldehído y otros productos químicos.
>
> En todos estos casos la voluntad de reciclar ha pasado por alto otras consideraciones de diseño. Un material por el simple hecho de ser producto para reciclaje, no se convierte automáticamente en benigno desde el punto de vista ecológico, especialmente si no fue diseñado específicamente

para ser reciclado. Adoptar ciegamente aproximaciones ecológicas superficiales sin entender plenamente sus consecuencias puede no ser mejor –y puede incluso ser peor– que no hacer nada."[54]

Como el propio **William McDough** señala, el diseño es una señal de la intención, así al cambiar la perspectiva, la intención, de idear productos capaces de revertir a su entorno energía y componentes equivalentes a los que se utilizaron en su producción, se configuran entornos eminentemente ecoeficientes. Esta visión supera la idea tradicional de conflicto irreconciliable entre industria y naturaleza y nos dirige hacia lo que estos autores auguran como nueva revolución industrial.

Desde este nuevo enfoque, en la construcción de todo tipo de edificaciones no debe plantearse optimizar la energía consumida por los sistemas de refrigeración, calefacción, mantenimiento y confort sino de concebir el edificio de modo que no necesite de ellos. Estos son únicamente sistemas subsidiarios, pues el diseño inicial debe de partir de conceptos bioclimáticos utilizando únicamente el diseño arquitectónico, de modo que minimice cualquier gasto de energía adicional. Es más, esta concepción desde el diseño, debe de plantear la posibilidad de que el edificio genere tanta o más energía de la que consume, depuración de aguas que utiliza etc. De este modo, se retroalimenta un proceso circular de producción, uso, reproducción, "de la cuna a la cuna" **C2C**.

La vivienda ecoeficiente y autosuficiente

En esta dirección los proyectos que actualmente se desarrollan se orientan a la integración de estos dos aspectos dando lugar a una nueva concepción denominada **vivienda ecoeficiente**, orientada incluso hacia la noción de **vivienda autosuficiente**. Así, y como señala **Vicente Guallart**, al comentar las conclusiones y reflexiones de los estudios del **IaaC** (Instituto de Arquitectura

---

[54]   William McDough y Michael Braungart, Cradle to Cradle, Rediseñando la forma en la que hacemos las cosas p.54

Avanzada de Catalunya), el concepto de la vivienda como máquina de habitar del pasado siglo está siendo sustituido por el de vivienda autosuficiente. Y es la incidencia de los aspectos anteriormente señalados en convergencia con las nuevas tecnologías aplicadas al hogar la que está propiciando que este cambio se de. Para **Guallart** el objetivo de la arquitectura avanzada no es la vivienda como producto inmobiliario sino la creación de condiciones de espacios y entornos habitables. **Por el contrario la vivienda es entendida como un organismo vivo en interacción con su entorno**. Al mismo tiempo también recibe gestiona y genera energía e información que intercambia con su medio en un proceso de retroalimentación constante, conectando el ámbito local con el global. Así la vivienda y los espacios deben concebirse como entidades que interactúan con su entorno desarrollando funciones e integrando los procesos de éste. En palabras de **Guallart**

"Y, por ello, la Arquitectura tiene una nueva responsabilidad: la de ser capaz de responder a nuevas necesidades. Los barrios, los edificios o las viviendas deberán ser capaces de asumir nuevas funciones como captadores, acumuladores o transformadores de sinergias, más allá de la creación de una piel que aísla del clima cambiante del entorno. A la Arquitectura hay que exigirle más. Los arquitectos deben ser capaces de diseñar organismos habitables que desarrollen funciones e integren procesos propios del mundo natural, que antes se realizaban de forma remota en otros lugares del territorio. La subcontratación de la creación de energía en un lugar remoto parece propio de una época pasada, como era la dependencia de la computación remota para el proceso de datos."

Todo ello pone de nuevo de relieve la necesidad de actuaciones integrales y conjuntas a partir de equipos e investigaciones multidisciplinares que aúnen esfuerzos y perspectivas. En esa dirección el **IaaC** promueve la reflexión en la comunidad arquitectónica internacional sobre la casa autosuficiente y otras iniciativas como el Concurso de arquitectura avanzada 2005, centrado en la idea de la casa autosuficiente. Uno de los objetivos de esta iniciativa es utilizar los resultados y aportaciones de esta convocatoria, para el fomento de la investigación sobre las nuevas formas de habitar.

Otro planteamiento que destaca por su innovadora visión polifuncional del espacio y planteamientos medioambientales es **Soria Ciudad del Medioambiente**, http://www.ciudaddelmedioambiente.com/

El proyecto que se prevé culminará su construcción en el 2012 se ubica en **el Soto de Garray**, a **10km** de la ciudad de **Soria**, y albergará **800 viviendas**, **2 hoteles** y diversas zonas reservadas a distintas actividades, institucionales, de ocio, de investigación de conservación fluvial y otra deportiva y de ocio. La ciudad generará su propia energía a partir de fuentes renovables de tipo eólico, hidroeléctrico, y solar fotovoltaico y térmico. El proyecto se propone respetar al máximo las características naturales del lugar donde se ubica, y recuperar zonas degradadas de este mismo entorno, al mismo tiempo que dispondrá de soluciones avanzadas para la gestión de residuos y el tratamiento de aguas. A pesar de ello, y al igual que el proyecto **Sociopolis**, que veremos más adelante, esta propuesta no se encuentra exenta de críticas, como suele suceder siempre que se superponen intereses políticos, económicos y medioambientales, defendidos por las asociaciones ciudadanas.

Zonificación del territorio en diferentes *Campus*: Residencia, Industrial, Docencia e Investigación, Institucional y Deportivo, y Ocio

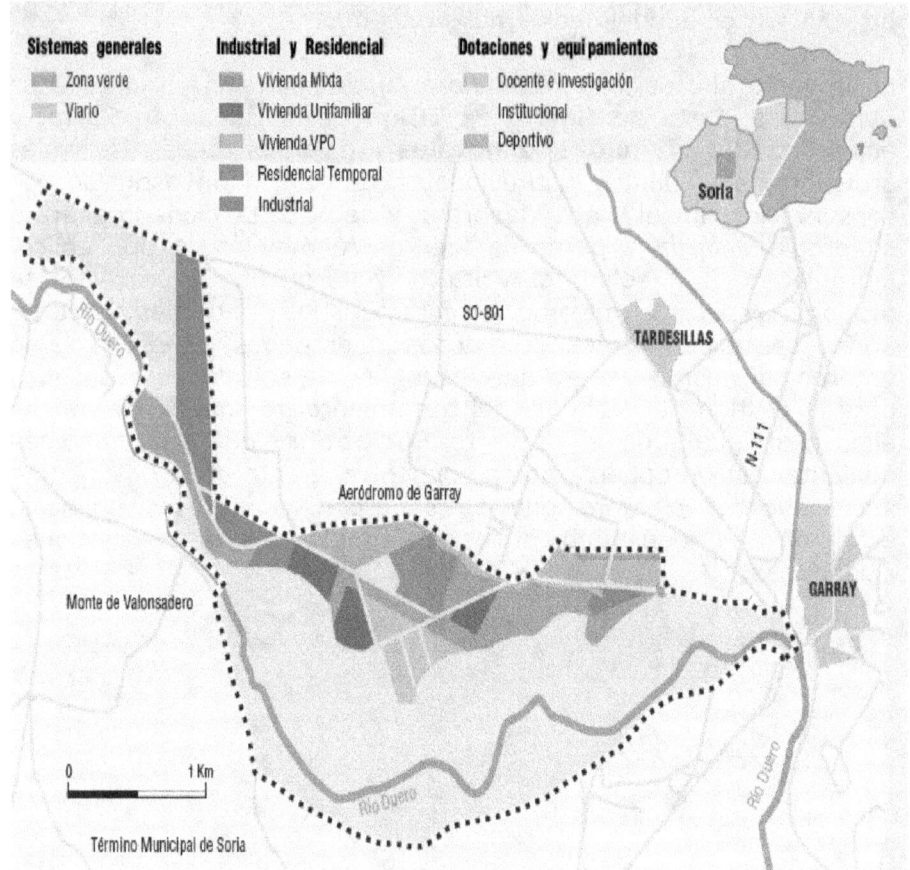

Fuente: http://www.ciudaddelmedioambiente.com/

En definitiva, el proyecto **Soria Ciudad del Medioambiente,** se propone atraer actividades empresariales, industriales y de investigación, como motor de desarrollo socioeconómico de la zona. Así, la iniciativa arquitectónica ideada por **Francisco Mangado** y **Félix Arranz** pretende convertirse en referente mundial de arquitectura sostenible y medioambiental.

En el ámbito internacional, proliferan del mismo modo iniciativas centradas en concepciones de sostenibilidad y medioambientales que se han convertido en un imperativo social asumido por las diversas instancias políticas. A pesar de ello en muchas ocasiones

126

estos criterios se muestran vacíos de contenido y únicamente legitiman decisiones políticas, o bajo su somero y desinteresado cumplimiento, esconden intereses económicos espurios. Como bien señala **Michael Braungart**, la noción de sostenibilidad no debe perfilarse como objetivo sino como punto de partida, así bromea al respecto –ilustrando este pensamiento con una oportuna metáfora- ¿si yo le preguntara a usted si su matrimonio o relación de pareja, es sostenible y usted contestara que sí? podría pensarse que usted no es muy feliz y que se conforma con muy poco.

Respecto a estos proyectos internacionales, uno de los países que más proyectos relevantes suma es **China**, pues parece perfilarse que su crecimiento espectacular no puede ser más que sostenible. Se prevé que hasta el año **2030** serán **400 millones** de personas los que se desplacen del campo a las ciudades, y si su crecimiento socioeconómico continúa al ritmo actual, la explotación de todo tipo de recursos será altamente intensiva. En esta situación, dos son fundamentalmente los problemas a los que las instituciones gubernamentales Chinas han de hacer frente: en primer lugar el desequilibrio del crecimiento económico, que abre una brecha mayor a la existente entre las zonas rural y urbana, y en segundo lugar, la degradación ambiental de diversas zonas de su territorio y las altas emisiones de CO_2. A este respecto, y bajo el auspicio del **Centro Chino-Norteamericano para el Desarrollo Sostenible** una de las iniciativas más relevantes es la que lleva a cabo **William McDough** en la ciudad de **Huangbaiyu**, limítrofe con Corea del Norte. El proyecto pretende concentrar la población de unas **400 unidades familiares** con objeto de optimizar la utilización ecoeficiente de los recursos, al tiempo que planea la recuperación forestal y la reconversión sostenible de las actividades económicas tradicionales de la zona, agricultura y utilización de recursos naturales. La idea de **McDough**, es conseguir el máximo *confort* y ecosostenibilidad con la mínima explotación de recursos. Así, las construcciones emplean mano de obra local y materiales naturales y biodegradables de la zona. A modo ilustrativo señalar por ejemplo que las paredes de las construcciones, están hechas con bloques de tierra comprimida, unidos por paja de deshecho de las cosechas de arroz, que así es aprovechada. Las paredes de medio metro de grosor aíslan bioclimáticamente las casas de las inclemencias exteriores, al mismo tiempo que los paneles fotovoltaicos proporcionan electricidad y agua caliente. En definitiva, se trata de aplicar criterios concretos de la metodología **C2C** (de la Cuna a la Cuna) desarrollados por **William McDough** y

Michael Braungart. De este modo, el proyecto de la ciudad de **Huangbaiyu,** se convierte en una importante experiencia piloto, emblema del nuevo estilo de desarrollo chino. En este sentido, esta iniciativa junto a otras llevadas a cabo también en China y lideradas por **McDough** y **Braungart** suponen una apuesta arriesgada, ya que del éxito de estos proyectos depende que el modelo pueda generalizarse al resto de áreas del país, y además servir de referente al mundo entero. Esta experiencia pone a prueba la concepción circular de la *Cuna a la Cuna* cuya vocación es sustituir el viejo paradigma lineal de los *productos a los deshechos*.

Otra de las iniciativas relevantes en China es la de **Shanghai Industrial Investment Corporation (SIIC)** desarrollada por **ARUP,** una de las empresas de ingeniería y arquitectura más importantes del mundo. Esta propuesta para la ciudad de **Dongtan** enclavada en una isla frente a **Shanghai**, afronta la construcción de una ciudad **100% sostenible para el 2010.**

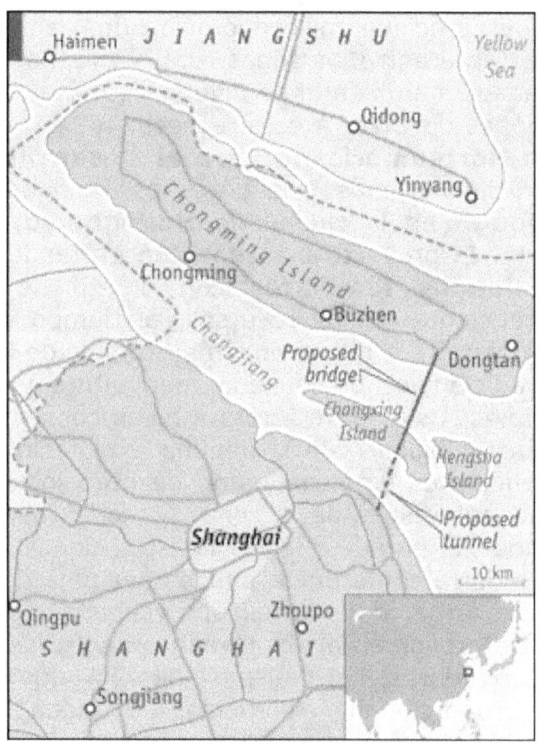

Fuente: www.stcsm.gov.cn

128

De la mano del arquitecto **Alejandro Gutiérrez**, el proyecto al igual que el anterior, busca en la densidad y concentración de la población un criterio principal de sostenibilidad. Con un a filosofía similar a la de **McDough** y **Braungart**, los objetivos generales del proyecto son claros, ambiciosos y concretos:

- cero emisiones de gases efecto invernadero a la atmósfera, es decir, reducir las emisiones de **CO2** de **750 mil toneladas** anuales **a cero**
- La creación de **Dongtan** dará la oportunidad a medio millón de habitantes de vivir en un sitio moderno que respete el medio ambiente
- Aplicación de **estrictos criterios ecológicos** y **medioambientales** relacionados con el tratamiento del agua, y de deshechos y autoabastecimiento energético.

Así, la mayor parte de la basura será reciclada y la orgánica – principalmente la cáscara de arroz- utilizada como biomasa para producir energía. De este modo y al igual que en la metodología de *la cuna a la cuna* se genera un sistema que va de las fuentes a los productos y viceversa en un círculo virtuoso en lugar del modelo tradicional de la *cuna a la tumba*.

Fuente:http://www.ecofactory.es/2007/09/la-ciudad-ecologica-de-dongtan.html

129

Del mismo modo, al igual que **McDough** y **Braungart** intentan superar la concepción que contrapone Industria a Naturaleza, **Gutiérrez** afirma que el proyecto **Dongtan** busca separar la curva de crecimiento de una urbe del impacto ambiental. Del mismo modo que las iniciativas anteriores, el proyecto de **Dongtan** tiene la ambición de convertirse en modelo paradigmático con vocación de referente mundial. Pretensión que desde nuestro supuesto constructivista, supone una apuesta arriesgada, ya que en cierto modo todas las iniciativas anteriores, a pesar de que pretenden superar los lineales paradigmas precedentes, no están exentos de supuestos deterministas. Todos los proyectos anteriores, al igual que el determinismo tecnológico, suponen que la innovación en determinadas estructuras tecnológicas, tanto en los productos como en los procesos, conllevarán la aceptación y la transformación social inmediatas. Pero en todos los casos expuestos, la implementación de estas iniciativas, supone una experiencia artificial que no prevé la evolución ni la forma que tomarán las tensiones de los grupos relevantes afectados. No hay que olvidar que sea cual sea el modelo que finalmente se imponga, y los mecanismos de cierre que lo hagan posible, éstos serán socialmente construidos, por lo que no es adecuado obviarlos.

Hacia un marco legal para la construcción sostenible

En España y auspiciado por el Ministerio de Fomento, la aprobación del nuevo **Código Técnico de la Edificación,** servirá de guía para la elaboración de criterios de evaluación y certificación de edificaciones. Como se indica en la presentación del mismo, "El Código Técnico de la Edificación (CTE) es el **marco normativo** que establece las exigencias que deben cumplir los edificios en relación con los requisitos básicos de seguridad y habitabilidad establecidos en la **Ley de Ordenación de la Edificación (LOE).**

Para fomentar la **innovación** y el **desarrollo tecnológico**, el CTE adopta el enfoque internacional más moderno en materia de normativa de edificación: los **Códigos basados en prestaciones y objetivos.**

El uso de esta nueva reglamentación basada en prestaciones supone la configuración de un **entorno más flexible**, fácilmente **actualizable** conforme a la evolución de la técnica y la demanda de la sociedad y basado en la **experiencia** de la normativa tradicional". [55]

Del mismo modo, otros agentes implicados en el mercado inmobiliario, como el **Consejo Superior de Arquitectos** junto al **Ministerio de Fomento**, se encuentran desarrollando un programa informático, **GBC Tool**, que permite evaluar el rendimiento medioambiental de las edificaciones.

Otro centro de interés de este tipo de iniciativas, se concentra en las ferias y certámenes del sector de la construcción. Desde hace varios años la **Feria de Barcelona CONSTRUMAT**, presenta un importante punto de encuentro para los criterios de construcción sostenible que presagian un mercado en expansión.

Por otra parte el **Consejo de la Construcción Verde** elabora la versión española del sistema de evaluación de edificios **LEED**.

Bajo el nombre de **BRASILIA** y la colaboración universidad/empresa e instituciones, este proyecto se materializa en un espacio experimental de **90m^2** construido respecto a criterios de habitabilidad tecnológica y sostenibilidad, que pretende servir de marco de referencia.

También desde la Universidad Politécnica de Madrid se ha desarrollando un proyecto enfocado al **"hogar moderno del siglo XXI"**, abastecido exclusivamente por energía solar. Este proyecto al igual que anterior, se desarrolla respecto a dos prototipos de vivienda, autosuficientes energéticamente, construidos a tamaño real.

El **Salón Inmobiliario de Madrid** presenta ya desde el **2005** dos interesantes propuestas de las firmas, **Biotectura** y **Arklan Arquitectos**, que pretenden presentar las ventajas de la construcción sostenible para el sector.

---

[55]

http://canales.nortecastilla.es/comerciales/construccion/construccion/cons01.html

Con el evocador nombre de **"Prometeo"** el grupo **ACCIONA** aborda un ambicioso proyecto relacionado con su concepto de vivienda ecoeficiente. Cuenta además con la colaboración de **15 empresas** y **35 centros de investigación** junto a los que pretende extender esta idea a la mayor parte del país. Proyecta así desde el pasado año, construir en los próximos, unas **7000 viviendas** en toda España. El proyecto ha sido premiado por **Consejo de Administración del Centro para el Desarrollo Tecnológico Industrial** (CDTI), dentro de las iniciativas subvencionados en el marco del **Programa de Consorcios Estratégicos Nacionales de Investigación Técnica** (CENIT), que se inscribe en la iniciativa del Gobierno **INGENIO 2010**.

Con objeto de promover la idea, **ACCIONA INMOBILIARIA** presentó en el Salón Inmobiliario de Madrid **(SIMA) 2006**, sus promociones ecoeficientes. De acuerdo a su estrategia global basada en la sostenibilidad y el mantenimiento del medioambiente, estas viviendas permiten un importante ahorro energético y su construcción reduce el impacto medioambiental. Para lograr esta configuración las nuevas edificaciones se estructuran respecto a los siguientes criterios:

- Orientación específica para aprovechar luz y calor solar
- Ventilación cruzada en el interior de la vivienda
- Carpinterías especiales con rotura puente térmico
- Detectores de presencia que controlan iluminación de distintas estancias
- Sensores lumínicos y temporizadores para programar las horas de luz
- Lámparas de bajo consumo
- Utilización de paneles solares
- Sistemas de riego automatizado
- Plantación de especies autóctonas en los espacios verdes conjuntos
- Materiales libres de PVC y plomo
- Cables libres de halógenos y gases de refrigeración ecológicos
- Utilización de *pladur* que reduce la producción de residuos.

Algunas de estas características quedan resumidas gráficamente del siguiente modo:

vivienda ecoeficiente o sostenible

SUR — Panel termosolar — NORTE

Ventilación cruzada ← → Doble orientación

Bajantes separadas

Protección solar — Aislamiento térmico

Plantación de especies autóctonas

Crecimiento económico — Equilibrio ecológico — Progreso social

Fuente: http://www.accionainmobiliaria.es/default.asp?x=00020401

Todas estas iniciativas ponen de manifiesto un interés creciente, de los distintos actores involucrados en el proceso de construcción de viviendas, y mercado inmobiliario en general. Si éstas reciben el impulso añadido de un marco legal regulador que las convierta en preceptivas, la generalización de prácticas sostenibles en los procesos de edificación se hará extensiva en un medio plazo, a pesar de las inercias que dominan actualmente el sector. A este respecto, podríamos sintetizar la convivencia de impulsos y resistencias en este contexto, como sigue:

133

Cuadro 25

	Impulsos	Resistencias
Demanda usuarios	Creciente concienciación social de la necesidad de protección del medioambiente	Usuario medio: desconocimiento y desconfianza y connotaciones especulativas sobre la vivienda
	Ahorro energético y económico	Sentimiento de desconfianza hacia la utilización de materiales y productos ecológicos, que se sospecha menos fiables e incluso de peor calidad
	Interés por el menor impacto ambiental	Impacto estético (ej. Paneles solares) de elementos de construcción sostenible sobre la vivienda
	Aumento del confort y calidad de vida	Imágenes sociales de este tipo de construcción relacionados con movimientos sociales de una determinada ideología

Promotores y mercado inmobiliario	Posibilita una oferta competitiva y diferenciada en el mercado	Resistencia a la utilización de nuevos materiales y productos
	Anticipación al futuro marco legislativo	Desconocimiento sobre ventajas, proveedores, instaladores, etc.,
	Eliminar costes en gastos medioambientales por impacto ambiental, o incumplimiento de normativa futura	No existe un marco legal homogéneo ni obligatorio

Tecnología	Los plazos de edificación son inferiores a los actuales	No hay optimización de los procesos de construcción y gestión de materiales
	Desarrollo desde criterios sostenibles, de materiales alternativos a los tradicionales	Inversiones necesarias
	Incremento de fabricación y distribución de productos para la construcción, con etiqueta ecológica	Muchos de los materiales tradicionales resultan más baratos y su seguridad y eficacia está altamente probada
	Desarrollo de tecnologías para la reutilización y reciclaje de materiales de construcción	

Fuente: Elaboración propia

DE LA DOMÓTICA TRADICIONAL A LA "CASA RED"

En cuanto a los proyectos e iniciativas relacionadas con el hogar digital, las tendencias se orientan hacia iniciativas cada vez más sofisticadas relativas a la creación de ambientes inteligentes, que superan las funciones habituales de la domótica tradicional. En definitiva el proceso que nos lleva de la casa domótica a la **Casa Red** sensible, puede sintetizarse así:

Cuadro 26

Casa domótica	Casa domótica interconectada	Casa inteligente, Casa Red o casa sensible
Implementación de sistemas domóticos en la vivienda sin conexión a Internet y telecomunicaciones	Convergencia de domótica tradicional con telecomunicaciones e Internet	Casa Red estructurada a partir de materiales y sistemas inteligentes
		Previsión 2010/2020

[56] Fuente: elaboración propia

En vista de esta evolución, y dadas estas expectativas, ya se vienen desarrollando hace años, por algunos promotores, iniciativas que experimentan con la idea de **Casa Internet.**

---

[56]   Los primeros protocolos de domótica aparecieron en 1978, pero el sector no se estableció en España hasta principios de los 90.

- Un ejemplo interesante a este respecto, que ya se pudo ver en Madrid durante el 2002, es la **Casa Internet** acondicionada por la promotora **Vallehermoso.**

- Otra iniciativa es la que llevan a cabo **Millenium Technologies** y **Babilonia**, ya presentada en el IV Salón Inmobiliario de Madrid, es la **Casa del Futuro.** Estas dos propuestas vienen ya precedidas por el **Proyecto Hogar,** en el que **Telefónica** junto a empresas privadas como **Nokia y Fagor** y con la ayuda del **Programa Nacional de la Sociedad de la Información** con cargo al Presupuesto del **Ministerio de Ciencia y Tecnología** (actualmente Ministerio de Ciencia e Innovación)   , invertirá unos 10 millones de euros.

- Junto a estos proyectos también destaca el de la **Casa Inteligente** (**Telefónica** y **HP**) Presentada en **SIMO TCI 2002**, se trata de un prototipo de hogar totalmente interconectado: la puerta de entrada, el frigorífico, sistema de home cinema, monitorización del cuarto de los niños a través de webcams...

- **Home Vita** (Samsung) Prototipo de domótica de esta compañía coreana en el que todo está interconectado. Dispone de videocámaras, control de temperatura, detectores de gas o escapes de agua, de humo... Estos dispositivos envían datos al móvil, al PC o a una empresa de seguridad. También tiene conexiones a centros de salud.

- **La Casa Conectada** (Philips) presentada en la feria **CeBIT 2003**, celebrada en Hannover. Dispone de sistemas, experiencias y servicios interconectados cuya base es la banda ancha. Cuenta con socios estratégicos como **Telefónica**, **KPN Telecom** y **Benetton**. Los productos pilares básicos son: Radio para **Internet Streamium** – música *on line* en cualquier lugar–, **monitor portátil** DesXcape –accede a las aplicaciones del PC desde cualquier lugar de la casa a través de una red inalámbrica– o **iPronto**, centro de control de la casa digital –puede controlar más de 500 sistemas y servicios aunque sean de marcas diferentes–, entre otros.

- **E2Home** (Electrolux y Ericsson) Se trata de una vivienda domotizada y conectada a **Internet** cuyo controlador está instalado en el **Screenfridge**, un frigorífico con acceso a la Red que permite hacer la compra, ver la tele...

Las distintas ferias, certámenes y congresos del sector reflejan un interés creciente por los temas relacionados con la domótica y sus aplicaciones. Así, en **2005** el **Salón Inmobiliario de Madrid,** Inmofutura, dedicó especial atención a la construcción sostenible, las soluciones de domótica y el Hogar Digital.

En esta misma línea pero con un proyecto mucho más ambicioso, la empresa **ACCEDA** presentó por primera vez a nivel mundial, en el **SIMO 2004**, un entorno real de **"ciudad y hogar digital"**. Fue posible transitar sus calles, plazas y visitar diferentes tipos de viviendas: **independientes, adosadas,** hoteles ayuntamientos, oficinas de correos, etc., y todo un edificio con la infraestructura y tecnología de una construcción digital. En esta ocasión como en otras más recientes, el objetivo no es únicamente mostrar, sino demostrar la viabilidad de implantación de estos nuevos negocios, que aúnan el sector de las nuevas tecnologías y la construcción. Esta muestra se acompañó además, de la celebración del **Primer Congreso Internacional Comunidad Digital**, que se desarrolló en el mismo entorno del **SIMO**. En este congreso se abordan diversos temas de interés, relacionados con el impacto de las nuevas tecnologías y sus aplicaciones. Se trataron además, temas relativos al concepto de hogar digital, legislación, diseño e integración de nuevas tecnologías, nuevos modelos de negocio, la visión del promotor, arquitectura y tecnología, y los nuevos modelos arquitectónicos..., entre otros.

Pero sin duda una de las iniciativas más relevantes, completas y avanzadas desde el punto de vista **tecnológico-arquitectónico** es la que lleva a cabo el **MIT** (Massachusetts Institute of Technology) desde hace varios años. Este proyecto denominado **Home_n**, supone una concepción similar, a lo que hasta aquí nos hemos referido como la **Casa Red**. El proyecto, tiene entre sus objetivos, observar la interacción de las personas con las tecnologías, en los distintos espacios condicionados por la implementación de estas. Se trata de observar los usos y apropiación de entornos habitables en los que se integran tecnología y arquitectura. Esto permite realizar dicha síntesis del modo más adecuado, amable, transparente y eficiente para el usuario. La concepción del **MIT**, es simultanear espacial y conceptualmente la construcción arquitectónica con la infraestructura tecnológica formando un todo. Esta vivienda interactúa con sus moradores y viceversa, de modo que se produce un proceso de aprendizaje y de transmisión de información en ambas direcciones. El análisis de estos procesos es lo que interesa al **MIT** respecto a este proyecto. Para ello han diseñado un espacio piloto: **Place Lab**, en el que invitan a habitar, con objeto de poder experimentar realmente y observar dichos procesos. A partir de los múltiples sensores que intercomunican, los objetos, la estructura del espacio y las personas, se generan automáticamente gran cantidad de datos que sirven de base al análisis.

NUEVAS CONCEPCIONES DEL ESPACIO Y NUEVAS VISIONES DE LA VIVIENDA

"El corazón sólo se conmueve cuando se satisface la razón, y esto sucede cuando las cosas se calculan. No hay que avergonzarse de habitar una casa sin tejado puntiagudo, de tener paredes lisas como hojas de palastro, de las ventanas semejantes a los bastidores de las fábricas. Hay que enorgullecerse de tener una casa práctica como una máquina de escribir."

Casas en Serie, **LE CORBUSIER**

Visiones arquitectónicas y nuevos materiales

El mundo vive actualmente una revolución tecnológica e informática, tanto o más profunda y extensa que lo que fue la **Revolución Industrial** del siglo XVIII. Esta época, transida de profundos cambios socio-históricos, supuso también una profunda transformación de las ciudades y del espacio, que ha continuado en los siglos posteriores. De modo similar, actualmente, el impulso de las nuevas tecnologías en convergencia con el resto de dinámicas sociales, configura una concepción distinta del espacio. Así, ésta y su configuración constructiva, se ve ahora condicionada por la nueva idea del espacio, como territorio virtual. Estas nuevas concepciones, asocian la idea de **Casa Red** y **hogar digital**, a un nuevo espacio físico, que ocupa a la vez un **espacio virtual**. En este contexto, la vivienda se convierte en el nexo central entre el *espacio **de los flujos*** y el ***espacio de los lugares***[57]. Esto, otorga a la casa un papel privilegiado como elemento que puede articular la dialéctica entre estos dos entornos. La nueva concepción del espacio, queda así ligada a un nuevo tipo de vivienda en un nuevo contexto social: la sociedad de la información.

La casa ocupa un espacio físico real que se ve condicionado, en sus características y estructura, por ser a su vez parte de un espacio virtual en una red de información global: **Internet**. Es decir, la aplicación de las nuevas tecnologías a la construcción de viviendas, ya sean sistemas domóticos, aplicación de nuevos materiales,

---

[57]   En su análisis de la Sociedad *Informacional*, el sociólogo **Castells** establece una clara diferenciación entre el espacio de los flujos y el de los lugares como elementos estructurales de un nuevo contexto social. Para este autor, en la Sociedad de la Información existe un proceso general de transformación del espacio, en el que aparecen dos tipos de espacios: el espacio de los flujos y el espacio de los lugares. El primero es un espacio, en el que se articulan el poder, la riqueza: los flujos de capital, la gestión de empresas multinacionales, las imágenes audiovisuales, la información estratégica,...y todo ello en un proceso de globalización que sucede lejos de referencias culturales o nacionales.

Por otro lado, está el espacio de los lugares, donde ocurre la experiencia del día a día de la mayor parte de la gente. Este espacio es crecientemente local, mientras que el espacio de los flujos es cada vez más planetario y global.

nuevos procesos de construcción, bajo distintos criterios de innovación y/o sostenibilidad, transformará en los próximos años el concepto y estructura de la vivienda. Este es, por tanto, un momento crucial para la colaboración e integración de las acciones, de los distintos profesionales implicados en el sector de la construcción. Hemos de considerar también, que la aplicación de las nuevas tecnologías a los procesos inmobiliarios no se restringe únicamente a la aplicación de sistemas domóticos en las viviendas. La aplicación de estas nuevas tecnologías, también se dirige a la experimentación y fabricación de nuevos materiales y otros elementos que también intervienen en el proceso de construcción. Materiales, que inciden en el desarrollo de nuevos servicios domóticos y telecomunicaciones, lo que a su vez repercute directamente en la vivienda. En definitiva, se produce una sinergia de actuaciones de los distintos elementos y actores implicados en la producción inmobiliaria, que genera un contexto global, en el que cada actor debe de ser consciente de su papel e influencia sobre el resto. A este respecto y muy acertadamente el arquitecto **Ernesto Ocampo Ruiz** señala:

"Desde mi punto de vista, el problema de la habitación podrá ser verdaderamente atendido con ingeniosas soluciones tecnológicas basadas en los descubrimientos e inventos que están siendo desarrollados en este mismo momento. Los materiales constructivos modernos que están fabricándose en todas las disciplinas humanas plantean una opción futura viable y real para mejorar el espacio arquitectónico y cubrir esas carencias. Estamos en el momento adecuado de integrar a nuestras herramientas de diseño, a la formación de nuestros profesionales, y al quehacer profesional cotidiano, el conocimiento y dominio de las nuevas tecnologías. El no hacerlo propiciará seguramente el desplazamiento del constructor de su papel tradicional como encargado del diseño y ejecución del espacio arquitectónico y urbano al final del siglo XXI.

La historia de la civilización está llena de ejemplos que han desarrollado la ciencia y el arte de la arquitectura, buscando nuevos materiales, procedimientos constructivos y estructuras, para crear diferentes tipos de espacios acordes a sus necesidades espirituales, políticas, económicas y sociales. En toda época, la aportación, la originalidad y la innovación requirieron de diversos desarrollos de tecnologías constructivas dando como resultando estructuras y espacios característicos. Con cada descubrimiento un nuevo reto, con cada solución un nuevo conocimiento tecnológico o científico.

Sin embargo, en la arquitectura actual se construye con materiales que han sido ya desechados por la mayoría de las otras disciplinas humanas. Es posible ver, en pleno siglo XXI, cómo en la arquitectura seguimos usando actualmente la madera (en menoscabo del planeta y su medio ambiente), la piedra, el adobe, el ladrillo de barro cocido, el hierro forjado, el vidrio y las argamasas de morteros, yesos y concretos, el acero y algunos plásticos básicos."[58]

En contrapartida, una de las premisas en arquitectura, es que los nuevos materiales exigen nuevas formas y al mismo tiempo éstas se benefician de la aplicación de nuevos materiales. Esta interrelación se ve incentivada más que nunca, por el impulso de las nuevas tecnologías aplicadas a los procesos de fabricación y desarrollo de nuevos materiales[59]. La tecnología de nuevos

---

[58]   **Ernesto Ocampo Ruiz** "La arquitectura del futuro" Obras Web.

Ernesto Ocampo Ruiz es tecnólogo y maestro en Arquitectura por la Facultad de Arquitectura de la UNAM, de la que también es profesor de postgrado y especialista en nuevos materiales y sistemas constructivos aplicados en la arquitectura.

[59]   "En otras disciplinas, a través de los conocimientos científicos y tecnológicos actuales, se han desarrollado **nuevos materiales constructivos** (con propiedades especiales y asombrosas) para dar solución a sus necesidades específicas, y que son llamados materiales emergentes: nanoestructurados, cerámicas especiales, polímeros modernos, aleaciones especiales, compositos, aleaciones con memoria de forma, y biomiméticos. Todos ellos son realizados a partir de innovadores procesos industrializados de carácter físico y químico a partir de las cuatro familias de materiales comunes conocidas: las cerámicas, los polímeros comunes, los metales y los plasmas. Los primeros tres grupos de materiales sólidos son considerados como los materiales constructivos básicos tradicionales de la arquitectura actual.

Entre los muchos materiales emergentes se encuentran los materiales compositos cuya característica principal es la de combinar los esfuerzos de dos o más materiales básicos en una mezcla única creando un nuevo y diferente material (un ejemplo lo tenemos en el concreto simple, material compuesto muy común en la industria de la construcción, cuya matriz o aglutinante es el cemento, y el agregado o aglutinado son la grava y la arena).

Dentro de este grupo hay ya candidatos a sustituir al concreto armado por sus cualidades, su facilidad constructiva, su costo en procesos

142

componentes se traduce en nuevos materiales para la industria de la construcción, los nuevos componentes orientados al ahorro de energía y sostenibilidad. Sin embargo y como bien argumenta **Ernesto Ocampo Ruiz**, los materiales y procedimientos de

en masa altamente industrializados, y su superior resistencia a esfuerzos combinados: los compositos de matriz polimérica combinados con fibras de boro, carbono, kevlar o de vidrio. De hecho, el futuro **Puente de Gibraltar** tendrá en lugar de una losa de concreto colgada, una placa de fibra de vidrio continua, entretejida y colada en una matriz polimérica de 40 cm de espesor, con ocho carriles de ancho, y una longitud aproximada de 20 millas. Dentro de los materiales emergentes destaca otra de las familias más prometedoras de materiales que pueden ser incluidas en la industria de la construcción a mediano plazo: los materiales nanoestructurados. En especial, las cerámicas nanoestructuradas son una buena opción para construir elementos estructurales cortos que prometen ser cientos de veces más resistentes que cualquier aleación utilizada hasta el momento en estructuras tridimensionales ligeras.

Por otro lado, existen también ya grandes candidatos nanoestructurados para **sustituir al vidrio** en el medio de la construcción. Ejemplos tales como el ALON, material ultrarresistente a impactos y aislante natural a radiaciones infrarrojas (oxinitruro de aluminio nanoestructurado vulgarmente conocido como "aluminio transparente"), y como el recientemente descubierto "acrílico antibalas" mexicano (composito polimérico nanoestructurado, con matriz de acrílico y nanoesferas de hule natural como agregado, desarrollado por el Departamento de Física Aplicada y Tecnología Avanzada de la UNAM, en colaboración con la empresa Resistol) sustituirán al frágil, inseguro y peligroso vidrio en las ventanas de nuestras **viviendas del futuro.**

La característica fundamental de estos nuevos materiales es que permiten ser predeterminados y diseñados durante la gestación del proyecto a desarrollar. Para cada proyecto puede existir un material único y especial para resolver el problema, porque está comprobado que de la forma en que los materiales tengan su estructura molecular dependerán sus propiedades específicas. Si el arquitecto usa como herramienta los conocimientos de la moderna ciencia y tecnología de materiales, combinados con métodos objetivos para su selección y evaluación, podrá obtener un material de construcción adecuado para cada problema constructivo." Ernesto Ocampo Ruiz.

Fuente: **http://www.obrasweb.com/**

construcción son considerados generalmente como un factor fijo en este proceso. Así, cuando hablamos de transformaciones referidas a la vivienda, aludimos a aspectos financieros, ambientales, legales, políticos, sociales, y consideramos los materiales de construcción como una constante.

Aun cuando a lo largo del pasado siglo han aparecido numerosos nuevos materiales, su aplicación ha sido escasa y tardía. La resistencia a su aplicación es debida a diversos factores, legislación, desconocimiento, y sobre todo al arraigo de los actores implicados en el proceso constructivo, a los materiales y procedimientos tradicionales, que han demostrado su garantía, seguridad y rentabilidad. Pero actualmente, el empuje de las nuevas tecnologías en los distintos ámbitos sociales, crea un contexto que estimula de manera singular en el mercado inmobiliario, la consideración de los nuevos materiales constructivos, como una variable relevante de los procesos de construcción. Esto plantea un nuevo marco de reflexión en la arquitectura que afecta directamente la visión de promotores y constructores. Este marco se estructura entonces, a partir de una nueva premisa: los nuevos materiales constructivos, son una variable más del proceso de construcción y no un factor fijo. Una variable más, que puede ser utilizada para configurar espacios respecto a las necesidades funcionales y de habitabilidad de sus futuros usuarios. Como también indica este arquitecto

> "¿Qué pasaría si ahora invertimos el proceso y tomamos como constante los escasos recursos económicos disponibles y el área mínima para una vivienda digna y habitable, y manejamos como variable, de manera globalizada, a los nuevos materiales emergentes y su aplicación en innovadores sistemas constructivos? Es un camino inexplorado que puede intentarse recorrer." [60]

A este respecto, para algunos como él mismo, las tendencias futuras apuntan a que ineludiblemente en la vivienda del futuro se incluirán nuevos materiales. Así, en la búsqueda de soluciones arquitectónicas, los nuevos materiales y formas, pueden ser resueltos a partir de piezas prefabricadas y distribuidas en masa en establecimientos comerciales de todo el mundo.

---

[60]   Ernesto Ocampo Ruiz "La arquitectura del futuro" Obras Web.

La idea de prefabricación en serie de estructuras para las viviendas ya presente en autores clásicos como **Le Corbusier** en su proyecto **DOMINO,** vuelve a aparecer con renovado impulso como demuestra la iniciativa del grupo **AFER**. Este grupo constructor invertirá **450 millones de euros** en seis plantas de fabricación de viviendas modulares. Cada una de las seis fábricas distribuidas por distintas zonas de nuestro país, tendrán la capacidad de producir módulos para **3500 viviendas al año**. Como declaran, intentan huir de a denominación de **prefabricados** ya que socialmente las connotaciones e ideas asociadas a este concepto, no resultan adecuadas a la oferta que se desea presentar. La fabricación industrial o seriada de viviendas supone una revolucionaria concepción que equipara la industria de la construcción a la del automóvil. Esta idea, ya ha sido propuesta por algunos autores como **Lorente** para articular adecuadamente la brecha entre oferta y demanda, respecto a una nueva concepción espacial de la construcción, relativa al hogar digital. Este proceso de fabricación en serie, supone una transformación total del proceso de construcción de viviendas, e implica radicales cambios en la labor de los agentes involucrados en él. Es de esperar en este sentido resistencias por parte de estos actores, que junto a la visión tradicional de la casa por parte de los usuarios, habrán de ser superadas para llevar con éxito iniciativas de este tipo.

En este sentido, la introducción de estos materiales y estructuras emergentes, junto a la configuración de nuevos espacios, que atiendan las necesidades generadas por los recientes hábitos de vida, característicos de la sociedad de la información, tendrán como consecuencia la creación de renovadas estructuras arquitectónicas. En estas viviendas, la distribución de los espacios atenderá a nuevos criterios relacionados con los modernos usos y funciones característicos de la implementación de nuevas tecnologías en el hogar. **Ocampo Ruiz** aporta algunos ejemplos al respecto:

"Otras tecnologías, que evidentemente tendrán que unirse a la arquitectura del futuro, generarán viviendas que deberán contar con ciertos elementos básicos. Uno de ellos es un espacio central de convivencia acompañado de un espacio de estación de trabajo en casa, que posea equipo multimedia con teleconferencia y realidad virtual. Tendrá por lo tanto que existir en cada morada al menos un pequeño centro computarizado de control operativo de todos los instrumentos y sensores térmicos, de seguridad e iluminación.

El uso de ventanas con multicapas laminadas es inminente: la primera capa será colocada al exterior, fabricada con un irrompible sólido transparente y aislante del infrarrojo. En la segunda capa se utilizarán matrices de cristales líquidos de cuarzo *activables* electrónicamente, para eliminar el uso de las cortinas que conocemos hoy en día, de modo que cuando el cristal de cuarzo esté encendido, será blanco opaco traslucido, mientras que cuando se encuentre apagado, será completamente transparente. Estos ventanales tendrán también la capacidad de mostrar paisajes digitalizados al azar (como las pantallas planas y los guarda pantallas de las computadoras actuales) para que sus habitantes tengan la impresión de estar viendo otros sitios a través de su ventana." [61]

Vivienda del futuro

Imagen Google

En definitiva, lo que aquí se pretende destacar es el influjo de las nuevas tecnologías en su sentido más amplio, en la conformación de una nueva sociedad: la sociedad de la información y del conocimiento, y su influencia en una nueva concepción espacial del habitar humano. En este sentido, acomodar la oferta, por parte del mercado inmobiliario, es una tarea que requiere un conocimiento profundo de las repercusiones de todos los cambios que se están produciendo, y un esfuerzo conjunto con actuaciones

---

[61] **Ernesto Ocampo Ruiz** "La arquitectura del futuro" Obras Web.

146

integradas por parte de promotores, constructores, arquitectos, fabricantes, proveedores e instaladores.

En esta línea se observa un número creciente de iniciativas, que desde distintos frentes intentan abordar estos nuevos retos ofreciendo soluciones creativas, que integran **nuevas tecnologías**, **concepciones del espacio** y **nuevos materiales**.

Nuevas visiones espaciales: los ciclos familiares y las nuevas formas de convivencia

La consideración de la estructura sociodemográfica de una población, junto a sus necesidades y características, es otro de los elementos fundamentales a tener en cuenta a la hora de configurar una oferta adecuada a la potencial demanda. En este sentido, es necesario conocer en cada momento los cambios demográficos que se están produciendo y los previstos a medio plazo.

Como señalamos cuando abordamos este mismo tema, respecto a la configuración de la demanda, la situación actual se caracteriza por diversos procesos relacionados con el envejecimiento de la población, dificultades de acceso a la vivienda por parte de los jóvenes, movimientos migratorios y nuevas formas de convivencia. Todo ello genera unas formas de concebir, usar y apropiarse del espacio que ponen de manifiesto la necesidad de nuevas configuraciones espaciales. Estas deben adaptarse a estos diferentes usos y necesidades respondiendo así a los nuevos estilos de vida y tipos de familia. **Movilidad**, **versatilidad**, **flexibilidad** e **intercomunicación** son las notas características de la sociedad actual que requieren su correspondencia espacial. Si a ello unimos la implementación de nuevas tecnologías, la disponibilidad de nuevos materiales, y las consideraciones sobre el medio ambiente e impacto de los procesos de construcción, obtenemos el concepto de una **vivienda flexible, *reconvertible* y reciclable**.

Shigeru Ban Architects
Tokio

Fuente: Deyan Sudjic y Tulga Beyerle. Hogar la casa del siglo XX p 124

Se trataría entonces, de la creación de espacios de tipo modular que permitieran construir y reconstruir el espacio a medida de las necesidades del usuario. Las viviendas se adaptarían así, de modo más funcional a las distintas etapas de los ciclos familiares cada vez más heterogéneos, inestables y cambiantes. Permitiría la reutilización de elementos arquitectónicos y espacios y abarataría costes produciendo menos residuos. Pero todos estos beneficios innegables, encuentran su contrapartida en distintos estadios, y respecto a diferentes actores del proceso y mercado inmobiliario. No es de despreciar, como ya hemos comentado, la resistencia a la aplicación de nuevos materiales y elementos constructivos por parte de promotores, arquitectos, constructores. Además de ello en este caso la aplicación de nuevos materiales afecta no sólo a la infraestructura de la construcción, sino a su **forma**, **distribución** y **diseño**. Por ello, a las resistencias anteriores hay que añadir las que pueden producirse por parte de la demanda. La imagen de la casa, como una construcción espacial sólida, resistente donde arraigan las raíces familiares y la vida íntima, forman parte del imaginario asociado a la vivienda, sobre todo en algunos países como España. No obstante, es de prever que en la medida en que los nuevos estilos de vida más permeables al cambio y a nuevas opciones estéticas, relacionadas con la tecnología y los nuevos materiales y formas se impongan, aumente también, el aprecio por este tipo de espacios que tantas otras ventajas ofrecen.

En este sentido, diversas son las iniciativas que se vienen llevando a cabo, entre ellas es de destacar el **PROYECTO DOMINO 21,** que algunos han denominado ya la **arquitectura "prêt a porter".** Este proyecto realizado bajo el auspicio del **Departamento de la Escuela Técnica Superior de Arquitectura de Madrid** y presentado en **2005**, en la Feria de la construcción **CONSTRUTEC,** ofrece una solución constructiva modular que responde a la concepción de **espacios flexibles** y *reconvertibles*.

Imagen Google

Se trata de un edificio que se basa en un sistema industrializado que permite construir viviendas colectivas adaptadas a las necesidades de sus inquilinos[62]. El proyecto se estructura a partir de piezas e*stándar* fabricadas en serie, lo que permite mejores prestaciones, calidades y acabados. Esto hace posible la creación de espacios flexibles que pueden modificarse fácilmente en poco tiempo, de modo que a pesar de ser viviendas modulares y seriadas, el resultado son viviendas totalmente personalizadas. Este proyecto pretende tres objetivos básicos:

---

[62]   Esta idea innovadora recoge en cierto modo la noción espacial de **Le Corbusier** y su concepción de la vivienda como una **máquina de habitar**. Su intención de estandarizar los procesos de construcción a base de la **producción en serie**, cobra renovada fuerza con iniciativas como la presente, que curiosamente recuperan la denominación que utilizó el propio **Le Corbusier** para presentar su idea, DOMINO.

149

- **Probar** desde el punto de vista técnico la viabilidad del producto (ensambles, tiempos de montaje, coordinación entre empresas, confort espacial...)

- **Difundir** los resultados del experimento y los últimos adelantos utilizados a todos los agentes interesados (promotores, fabricantes, políticos...), y a la sociedad

- **Permitir al estudiante** universitario comprobar la aplicación práctica de su trabajo teórico.

La propuesta concreta se estructura a partir de un prototipo (siguiendo el **Sistema de Construcción por Componentes Compatibles S.3c** [63], encuadrado dentro en lo que se denomina "Industrialización abierta"), de tres plantas, que incluye cinco tipos de "vivienda tipo", diferentes:

Cuadro 27

PROYECTO DOMINO 21		
Tipo de vivienda	Número de metros	Características
Vivienda para tres estudiantes	85,5 m^2	3 dormitorios, 3 aseos con ducha, zona común divisible de estudio y comedor, cocina con office, terraza y mirador exterior
Vivienda para un artista	31,5 m^2	1 aseo/baño, estancia multifuncional con equipo de cocina y descanso, además de 1 mirador interior con jardinería
Vivienda Duplex para una pareja con	1ª Planta: 65,5 m^2 2ª Planta:	1ª Planta: 1 aseo/baño, 1 cocina, 2 miradores exteriores, zona común divisible para juegos/estudio/descanso/comedor

---

[63]   **S3c** (Sistema de construcción por componentes compatibles), que se puede encuadrar dentro de lo que se denomina: "Industrialización abierta". **http://www.angelfire.com/ill/domino.21/index.html**

150

dos hijos	34,5 m^2	2ª Planta: 1 aseo/baño, cocina, zona de descanso, 1 mirador interior y 1 mirador exterior
Vivienda para una pareja de jubilados y visitas	63 m^2	1 aseo/baño, cocina, zona de descanso/ comedor/ sala de estar, 1 mirador interior y otro exterior
Vivienda para un profesional liberal	63 m^2	1 aseo/baño, cocina, zona común transformable para trabajo/descanso y 2 miradores interiores con jardinería

Fuente: http://www.expocasa.com/

En esta misma línea, **Pedro Esteban Palacios** ha desarrollado una idea: proyecto **".com"**, que resultó ser el **proyecto ganador** en el **I Concurso Internacional "Visiones de la Vivienda del Futuro"**, patrocinado por **COAATV**. Esta propuesta responde a la necesidad de una vivienda urbana que se adapte a los nuevos hábitos de de vida. El proyecto parte de una estructura fija, que a partir de la incorporación de distintos módulos (cocina, baño...), permite la creación de una estructura flexible organizada en función de las necesidades del usuario. Todo ello da como resultado una infraestructura a partir de vigas prefabricadas donde se anclan las estructuras modulares, al gusto del consumidor. La **"construcción en seco"** de la vivienda permite la fácil resolución de ciertos aspectos constructivos y el diseño de una vivienda a la medida. En definitiva la versatilidad es el aspecto fundamental del proyecto como el mismo **Pedro Esteban Palacios** señala:

"Las particiones interiores buscan la versatilidad de la albañilería seca, por lo que se puede modificar la división espacial de una oficina sin necesidad de quitar la moqueta, de un modo limpio y rápido, todo atornillando y desatornillando. Esto posibilita la creación de módulos de dos habitaciones, que separan las viviendas. Así, cada futuro propietario decide si quiere quedarse con un habitáculo sin módulo de habitaciones, si quiere dos de ellas, si quiere los dos módulos con las cuatro habitaciones o su espacio equivalente libre de tabiques."

Se trata así, de un edificio que crece, evoluciona y se transforma, pues sus módulos estructurales son reciclables y reutilizables. Del

151

mismo modo las fachadas de la vivienda articuladas en módulos de **5x1 m**, con aislante interior, también son versátiles y permiten su combinación. Además, todo el edificio dispone de un suelo técnico de **40 cm**., ideado para albergar todo tipo de infraestructuras o como contenedor de objetos.

En definitiva, una nueva concepción de organización y distribución del espacio que permite al promotor y constructor, garantizar unos acabados de mayor calidad, y un abaratamiento en los costes de construcción. Estas ventajas, junto con la versatilidad y flexibilidad espacial, que permiten este tipo de proyectos, supone una oferta muy atractiva par el consumidor, a pesar de su arraigo a concepciones asociadas a la "solidez" de los materiales y estructuras tradicionales.

CASA MODULAR

Proyecto de una casa a base de módulos deslizantes que, atornillando y desatornillando, pueden cambiarse de sitio según las necesidades de espacio del inquilino.

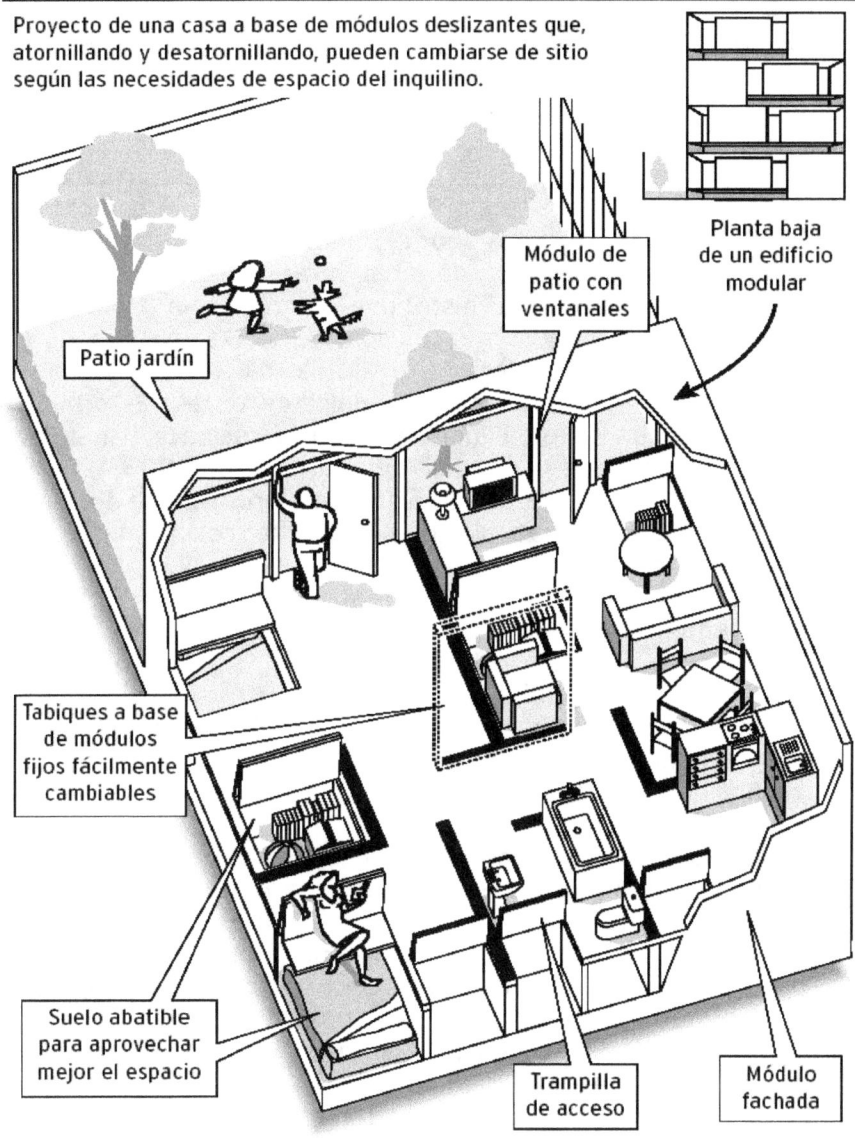

Planta baja de un edificio modular

Módulo de patio con ventanales

Patio jardín

Tabiques a base de módulos fijos fácilmente cambiables

Suelo abatible para aprovechar mejor el espacio

Trampilla de acceso

Módulo fachada

Fuente: M.L. / El Mundo

153

Otra propuesta que representa ejemplarmente esta concepción es el Proyecto **CASA BARCELONA** de la empresa **FAGOR**. Esta iniciativa que se presenta desde principios de la década en **CONSTRUMAT**, ha ido enriqueciéndose año a año con nuevas ideas y propuestas, orientadas a la creación y aplicación de nuevos materiales, nuevas infraestructuras para instalaciones tecnológicas y flexibilidad de espacios. A este respecto, la idea de estructurar la vivienda a partir de un suelo técnico fácilmente desmontable supone (como en el proyecto **".com"**) una innovación interesante. Ello permite la disponibilidad de una infraestructura, fácilmente *remodelable*, que alberga y distribuye por toda la vivienda la energía, información, agua, evacuación, etc., De este modo se puede disponer en cualquier parte de la casa de cañerías y desagües evitando así engorrosas y molestas obras. El proyecto propone también un sistema modular para la cocina y paneles de paredes desmontables en el baño. En **2003 Fagor Electrodomésticos** y el arquitecto francés **Dominique Perrault** presentan en **Construmat** su idea sobre la cocina del futuro basada en:

- Elementos móviles, aditivos e independientes de los tabiques
- Estandarización modular
- Incorporación de las tecnologías de la información
- Ergonomía y
- Polivalencia funcional

En la cocina además, convergen dos concepciones que suponen dos ideas centrales del proyecto. Por una parte la **tecnológica**, ya que la implementación de sistemas domóticos es un aspecto esencial, y por otra la relativa a **aspectos ecológicos** y **bioclimáticos**. Así, en la cocina se integran aspectos tecnológicos con otros que evocan la naturaleza, como el *ecorífico:* **un pequeño invernadero que aprovecha el calor de la salida del frigorífico**. En este sentido medioambiental, el proyecto destaca la importancia y reaviva espacios característicos de la arquitectura mediterránea tradicional. Espacios intermedios que comunican la vivienda con el exterior, como la **terraza**, la **galería**, **pérgolas**, **patios** y **porches**.

Imágenes Google

En **2005 Fagor Electrodomésticos** con la colaboración de los arquitectos **Ignacio Paricio** y **Carlos Ferrater** proponen un proyecto para la transformación del espacio doméstico:
- Viviendas flexibles a las necesidades del consumidor
- y ciclos evolutivos de las familias
- Transformaciones y mejoras sin obras
- Abarca cinco áreas de la vivienda
  - Cocina
  - Baño
  - Ventanas
  - Tabiques y suelo

El ejemplo práctico aplicado a la *cocina que se desarrolla*, la reestructura del siguiente modo:
- Cocina que evoluciona al mismo ritmo de la pareja
- Comienzo sin demasiados medios: equipamiento básico, eficiente y ampliable
- Expansión de la familia: ampliación y modificación
- Movilidad: Cocinas móviles que incluso se pueden trasladar al jardín como barbacoa

El proyecto se desarrolla con la colaboración de diversos profesionales del sector asociados a distintas empresas, entre los que cabe destacar:

- La cocina modular de **Dominique Perrault** y **Gäelle Lauriot-Prévost**, en colaboración con la firma **Fagor**

- Los sanitarios mueble, creados por del arquitecto **David Chipperfield**, con el apoyo de **Roca**

- El cerramiento variable, de **Fermín Vázquez** con la empresa **Pabitex**

- El pavimento drenante ideado por **Felipe Pich-Aguilera** con el apoyo de **Intemper**

- El pavimento registrable diseñado por **Clotet** y **Paricio**, con la colaboración de la firma **Simon**

- Y el muro de ladrillo de aluminio, ideado por el arquitecto japonés **Toyo Ito**.

TECNOLOGÍA, ACCESIBILIDAD Y SALUD

El número de personas discapacitadas en España se sitúa alrededor de unos **3,5** millones. Si a esto añadimos la tendencia de incremento, de la población mayor de **80 años**, la discapacidad se convierte en un tema central de sensibilización social, que debe atenderse. En este sentido la tecnología ha supuesto un gran avance en la oferta de servicios, que facilitan la vida diaria de esta población en aumento. Así, la implementación de domótica y telecomunicaciones, en los futuros hogares, supone un elemento imprescindible a tener en cuenta en la configuración de la oferta. En el momento en que la legislación preparatoria de sus frutos, esta será una guía ineludible a seguir, que orientará las futuras actuaciones de promotores y constructores.

El número creciente de investigaciones, aplicaciones e iniciativas que se están llevando a cabo, revelan esta creciente preocupación, a la vez que ponen de manifiesto la necesidad de intervenciones a este respecto. La idea central es que los promotores puedan convertirse en *correa de transmisión* de este tipo de servicios, a partir de la oferta de infraestructuras que faciliten la implementación de instalaciones domóticas, que provean servicios de **telemedicina** y complementarios. Se trata de que los inquilinos puedan permanecer en el hogar en situaciones de discapacidad y enfermedad, mejorando así su calidad de vida en distintas etapas.

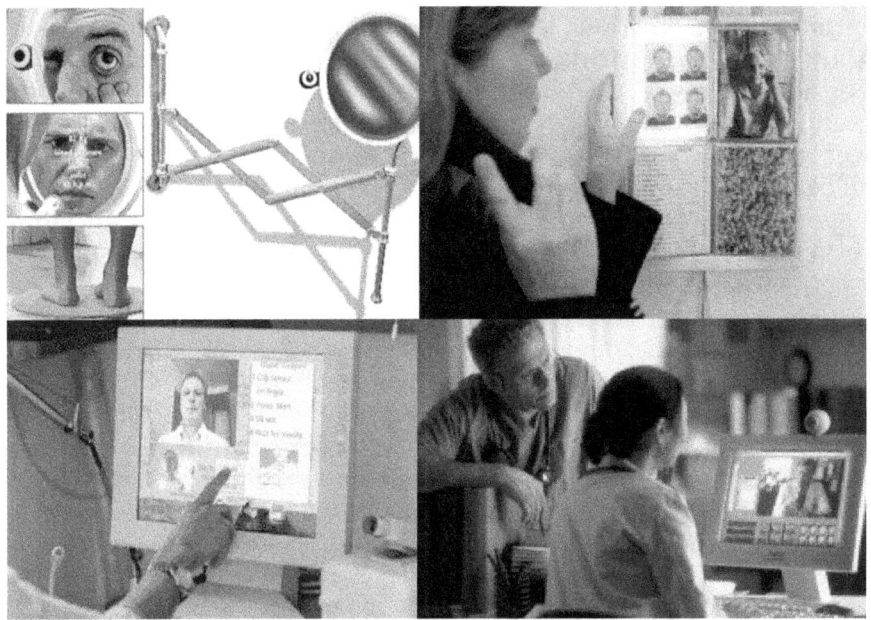

Imágenes: Google

A este respecto, es de destacar el proyecto **Vallgossen**. Se trata de un edificio de **126 viviendas** que ofrecen servicios de **teleasistencia sanitaria**. El servicio de **telemedicina** que incluyen, permite comunicarse con el médico a través de voz e imagen sin salir de casa ni visitar el hospital, y a la vez, medir, registrar y transmitir datos relativos como **electros**, **temperatura**, **peso**, **nivel de azúcar** y **oxigeno en la sangre**, etc. Estas viviendas pueden disponer de tres niveles de soluciones y sistemas según la estructura familiar y edad de sus diferentes inquilinos, configurándose en función de sus deseos y necesidades.

De forma específica, **Ballesol** ofrece una gama completa de servicios de **teleasistencia** para la tercera edad que van más allá de los servicios básicos de **telealarma**. En este caso la tecnología se alía con las prestaciones individualizadas y la atención y seguimiento personalizados. Como novedad se ofrecen prestaciones como el acompañamiento verbal en **casos de soledad**, seguimiento y **recordatorio de medicaciones**, **aviso de incidencia a familiares**, **control de inactividad**, **entrega de medicamentos a domicilio**, **servicios de ayuda con unidad móvil propia**, etc.

Centrados también en la tercera edad, los científicos de la **Universidad de Florida** han desarrollado la idea de un **hogar inteligente para ancianos.** Este prototipo de vivienda experimental está habitado por un maniquí **Matilda** que hace las veces de inquilino. Este hogar ofrece además de las ventajas tradicionales de los sistemas domóticos, algunas relacionadas con lo que se ha dado en llamar ambiente inteligente. Así, los ancianos que tradicionalmente se muestran reacios a la tecnología descubren sus ventajas sobre todo en situaciones de postración parcial e invalidez. La casa ofrece un sistema sensores que vigilan constantemente los movimientos del anciano, estos dispositivos y otros, están interrelacionados a través de la red informática, permitiendo el diálogo entre ellos y entre los dispositivos del usuario. Ofrece también un sistema de **reconocimiento de voz** que facilita las múltiples tareas. La asistencia médica a distancia se realiza a partir de sensores aplicados al cuerpo del usuario, que informa a los médicos del estado del paciente.

4 MARCO TEÓRICO-CONCEPTUAL PARA UN NUEVO TIPO DE VIVIENDA

Una de las constantes más evidentes en la historia de la vivienda, es la aplicación de los avances tecnológicos desarrollados en cada época. En este sentido, las tendencias actuales no suponen ninguna novedad, la diferencia en este caso es el grado de desarrollo, la rapidez y la convergencia de diferentes aspectos, con las **Nuevas Tecnologías**.

Las **TIC** (Tecnologías de la Información y la Comunicación), junto a la de materiales, son las que inciden de modo más directo en la configuración de un nuevo concepto de vivienda. Y es esta convergencia, la que hace insuficiente el punto de vista de la domótica como aproximación profunda, al tema de la vivienda. Al concepto de **"casa domotizada"**, **"smart house"** o **"Home Automation"**, hay que unir el de **"casa *informacional*"** **"casa global"** o **"Casa Red".** Para evitar errores conceptuales es conveniente pues distinguir entre **domótica** y **hogar digital**. Como recuerda **Lorente** el término domótica deriva del francés "domotique" que se introdujo en España en torno a **1980**. Este concepto, contracción de los términos **"domus"** y **auto-mática** se impuso, hasta la irrupción en el hogar, de las **Tecnologías de la Información y la Comunicación** abanderadas por **Internet**. En esos momentos, en los que el sufijo digital acompañaba a la mayoría de las innovaciones relacionadas con la electrónica y la informática, **Telefónica** publica el **"Libro Blanco del Hogar digital"**. Esta publicación supone la progresiva difusión divulgación y aceptación de un nuevo concepto de vivienda que va más allá de la casa **domótica**, que queda incluido en el de **hogar digital**. Así, este último concepto es más adecuado a las posibilidades tecnológicas que pueden alcanzar las viviendas actualmente, y es el que finalmente se ha impuesto.

De este modo, automatización y comunicación van unidas en un mismo proceso *informacional* en su aplicación a la vivienda. Se trata, en definitiva, de aunar los dos enfoques que abordan la aplicación de la tecnología al habitar humano:

1 El enfoque que pone el acento en la automatización y robotización de la vivienda

2 El enfoque *informacional* centrado en todas las posibles funciones a desarrollar desde el hogar, convirtiendo a este en una nueva **factoría informacional**. Funciones relacionadas con la **salud, ocio, finanzas, alimentación, compra** y **almacenaje, discapacidad, infancia, vejez**, etc. que permiten gestionar la vida familiar y profesional de un nuevo modo, [64] como se observa en el siguiente cuadro:

Cuadro 28

El hogar del futuro: la taxonomía de la casa_red	
Gestión técnica del hogar, automatización y robótica	
Gestión del entorno material	Energía, iluminación, aire acondicionado, calefacción, agua caliente, ventilación, persianas, puertas...
Gestión de tareas domésticas rutinarias	Cocina, lavado, limpieza, basuras, control del gasto: contadores de gas, electricidad, agua, calefacción
Gestión de la seguridad y la vigilancia	Alarmas, video cámaras, sensores para emergencias, locales o conectadas con policía, bomberos, hospitales..
Gestión de la Información relacionada con la familia y la vida profesional	
Ocio y tiempo libre	Radio, televisión digital, video bajo demanda, videojuegos...
Salud	Asistencia sanitaria, consultoría alimentación, dieta, asistencia a tercera edad...
Compra y almacenamiento	Publicidad, compra, catálogos, telereservas
Finanzas	Tele-banca y consultoría financiera
Aprendizaje	Tele-educación, reciclaje
Actividad profesional. Teletrabajo	Teletrabajo, tele-conferencia...
Otras informaciones pertinentes para los miembros del hogar	Cultura, museos, bibliotecas, arte, agencias de viajes, agencias inmobiliarias, información y pronósticos meteorológicos, información jurídica, información general

---

[64]   **Santiago Lorente** IX CURSO DE ESPECIALIDAD EN TECNOLOGÍA DE LOS EDIFICIOS INTELIGENTES PRESENTE Y FUTURO DE LA DOMÓTICA ""LA VIVIENDA INTELIGENTE DEL SIGLO XXI": LA CASA RED"

En definitiva, se trata de abordar la influencia que tendrá la convergencia de distintos elementos, actualmente y en un futuro, sobre la vivienda, y cómo todo ello va a condicionar la construcción y los usos del espacio.

Cuadro 29

Convergencia de diferentes desarrollos tecnológicos en el hogar			
Comunicación	Telecomunicación	Computación	Automatización
Medios de comunicación (radio televisión emisiones de satélite...)	Internet Internet móvil (sistema Wi-Fi)	Informática (Soportes de comunicación, ordenadores y soportes móviles, PDA...)	Domótica (Software, hardware y dispositivos: motores y automatismos, robots...)

Fuente: Elaboración propia

El impacto del desarrollo tecnológico sobre la vivienda y sus potenciales aplicaciones, aparecen como el reto más claro que ésta ha de afrontar actualmente. Sin embargo, como hemos visto muchos otros aspectos, al hilo de estos desarrollos tecnológicos y sin aparente conexión con él, convergen en un mismo momento y empujan hacia una nueva concepción de la vivienda. Nueva concepción, que por lo tanto, no puede abordarse únicamente desde el punto de vista tecnológico. Actualmente el tema de la vivienda en su sentido más amplio, se convierte en argumento y preocupación central desde muy diversos puntos de vista e intereses, como lo pone de manifiesto la proliferación de estudios, congresos, y publicaciones. No obstante, todo ello no hace más que poner de de relieve, la falta de un marco teórico de discusión, que integre las diversas perspectivas, disciplinas, e intereses.

Por ello y aun como primera aproximación, creemos necesario perfilar este marco **teórico-conceptual** desde el que sea más sencillo un abordaje práctico, orientado a la integración de acciones concretas, para una ejecución más coordinada y exitosa de las mismas. Además, las tecnologías de la telecomunicación, especialmente **Internet**, modifican y lo harán más en el futuro, nuestra noción del espacio y la imagen de nosotros mismos en él. El espacio; la dimensión esencial de la construcción de viviendas y la arquitectura, evidentemente se verá modificado en sus usos y configuración. Este hecho condicionará la interacción oferta-demanda en un futuro, por lo que sería de interés poder analizar en qué dirección y de qué forma. Con este objeto, la creación del marco **teórico-conceptual** que proponemos, pretende facilitar elementos eficaces de análisis y prospección.

Desde este punto de vista, la vivienda se configura como **"casa global"** o **"Casa Red"**, como un elemento central en la **Sociedad de la Información**, como un nodo más de la red: emisor y transmisor de información, en definitiva como **"factoría informacional"**. Es decir, un lugar, no sólo físico sino un lugar en un espacio virtual. Todo ello junto al resto de cambios y procesos sociales, e intereses desde distintos ámbitos sobre la vivienda, inciden en este momento de modo muy especial sobre una nueva concepción de ésta. A este respecto, **Santiago Lorente** presenta una perspectiva muy adecuada:

> "Además del enfoque global, en el cual la interconectividad, la comunicación y la automatización, como elementos *informacionales*, son tan importantes, la Casa Global debe abordarse conjuntamente y simultáneamente desde varias perspectivas, y no solamente desde las tecnológicas (como tampoco desde las puramente sociológicas, como algunos colegas parecen querer). Aquí se pretende decir que, al menos la Sociología (y especialmente la Sociología de la Familia), la Tecnología de la Información y la Arquitectura deben ponerse en el mismo puchero para crear un marco teórico que sea mínimamente de utilidad.
> La tecnología es para la gente, y la arquitectura es el modo cómo la gente realiza sus necesidades básicas, tales como el cobijo, la comunicación y la atención emocional. Las tres forman una especie de triángulo conceptual en el que lo real no son tanto los vértices (Sociología, Tecnología, Arquitectura) cuanto las relaciones fértiles que entre ellos se establezcan. Es la gente (Sociología) en un lugar peculiar (Arquitectura) usando tecnologías específicas (Tecnologías de la Información) lo que está en juego". [65]

---

[65] **Santiago Lorente** Profesor de Sociología de las Tecnologías de la Información de la Escuela Técnica Superior de Ingenieros de Telecomunicaciones, (Madrid) y miembro de CEDECOM (Comité Español de Domótica) "La vivienda inteligente del siglo XXI: la **Casa Red**" IX Curso de especialidad en edificación de edificios inteligentes, presente y futuro de la domótica.

En definitiva, todas estas tensiones a las que se ve sometido actualmente el concepto tradicional de vivienda desde distintos ámbitos, tienden a quebrar la esencia arquitectónica de la construcción de la misma: el equilibrio entre **estructura** y **función**. Esto apunta a la necesidad de revisar toda una serie de cuestiones sobre criterios constructivos, utilización de materiales, concepciones del espacio, etc.

A este respecto, la fractura entre estructura y función, se hace patente a distintos niveles.

Desde el punto de vista tecnológico, las infraestructuras del hogar convencional pueden llegar a resultar insuficientes (a pesar de que la mayoría de las aplicaciones utilizan la red eléctrica existente), lo que obliga a contemplar la necesidad de nuevas instalaciones de cableado y dispositivos, en la infraestructura de la construcción. En este sentido, otro de los aspectos importantes que preocupan a los fabricantes y desarrolladores de aplicaciones domóticas, es el de los estándares de intercomunicación de la red domótica, respecto a unos protocolos consensuados de acceso y comunicación.

Además de ello, toda la serie de "artefactos" y dispositivos que se van integrando en el hogar requieren su espacio y cambian los usos y percepciones de éste. Lo que de nuevo condiciona la distribución constructiva del espacio en función de la percepción y uso de sus moradores. En este sentido, las tendencias actuales se orientan a la construcción de espacios flexibles, en los que la tecnología es transparente para el usuario, es decir, en la creación de **ambientes inteligentes**.

En cuanto a otro tipo de artefactos como robots y otros accesorios, los estudios prospectivos no indican que tengan una inminente integración en el hogar. Como bien señala **Lorente**:

"La Robótica es otro tema. Los robots han alcanzado un notable éxito en la industria, pero ninguno en el contexto del hogar. Esto es válido tanto para los robots de primera generación (útiles para barrer el suelo y limpiar los cristales de las ventanas, por ejemplo) y de segunda generación (capaces de poner la mesa, cargar y descargar el lavavajillas, hacer la cama y tareas parecidas). En el reciente pasado ha habido un experimento con el robot llamado RB5X designado para tareas domésticas. No obstante, todo esto aún suena a utopía cuando ni siquiera los electrodomésticos de la actual generación (lavadora, horno micro-ondas, etc.) no han ido mucho más allá de la inteligencia "prechip" y "pre-sensor" consistente simplemente en un reloj y un conjunto de relés eléctricos pomposamente llamado "programador". Parte del problema no es sólo el desarrollo del hardware, sino también del software y de desarrollos tales como los derivados de la lógica borrosa que permite a un dispositivo análogo al ordenador enfrentarse con problemas asignando diferentes valores a diferentes situaciones."[66]

Desde este punto de vista, los proyectos constructivos, además de tener en cuenta los requerimientos mencionados de:

- canalizaciones de cableado respecto a los estándares que se están diseñando, y

- los muchísimos requerimientos tecnológicos (enchufes, dispositivos de vaciado de la aspiradora, futuras conexiones para los robots, etc).

serán también necesarias nuevas distribuciones y construcciones de los espacios sujetos a nuevas funciones y usos. Uno de los aspectos donde esto se hará más patente es en la arquitectura de interiores y en el diseño y distribución del mobiliario.

La oferta de la vivienda en cuanto a su forma y estructura es tradicionalmente rígida, pero mientras ésta permanece aparentemente inmóvil, otros aspectos más dinámicos van generando un aumento del desequilibrio entre forma y función. Actualmente, todo parece indicar que estas presiones externas, sobre el tipo de construcción tradicional, van a suponer un punto de inflexión y el advenimiento de una nueva concepción en la construcción de viviendas. Esta deberá tener en cuenta las nuevas funciones y satisfacerlas superando las formas tradicionales para reanudar de nuevo el equilibrio perdido, entre estructura y función.

¿Pero cuáles son estas nuevas funciones, además de las infraestructuras tecnológicas e *informacionales*, que las nuevas concepciones constructivas deben satisfacer?. En definitiva la

---

[66]   Santiago Lorente. Ibid

tecnología y la arquitectura son medios y no fines en si mismos, del habitar humano. Esta no es una cuestión irrelevante pues son los usuarios finales, con su apropiación y uso de los espacios, los que configuran la demanda, que condiciona a su vez la estructura inferida de la oferta y viceversa. En un sentido amplio, estas funciones y demandas sociales son muchas y diversas, sintéticamente:

- Requerimientos sobre el impacto ambiental de los proyectos constructivos y desarrollo sostenible
- Implicaciones de la nueva sociedad informacional y del conocimiento,
- Implicaciones de las altas tecnologías de control y telecomunicación
- Nuevos estilos de vida relacionados con:

  - nuevos hábitos de consumo,
  - nueva conciencia social,
  - nuevas relaciones sociales,

- Demográficos y sanitarios

  - envejecimiento de la población,
  - nuevas relaciones de la pareja,
  - nuevos tipos de núcleos familiares
  - la salud,
  - la rotura generalizada de barreras arquitectónicas,

- Políticos y legales
  - regulaciones legales respecto al suelo
  - la necesidad de vivienda para inmigrantes
  - aumento de las viviendas de VPO
  - regulación de estándares de habitabilidad

- Nuevas necesidades y estilos laborales, de ocio y entretenimiento

Desde este punto de vista, la Sociología ha centrado su atención en los nuevos estilos de vida, en los aspectos demográficos y las nuevas formas de familia, pero ha obviado la relación entre éstos y los aspectos arquitectónicos, en un nuevo contexto sociotécnico.

165

No obstante casi todos los proyectos ideas y tendencias que vienen desarrollándose recientemente, tienen una vocación claramente integradora de los aspectos hasta aquí tratados. Un ejemplo espacialmente singular en cuanto a la capacidad de síntesis en la implementación de los conceptos anteriores es el **PROYECTO BRASILIA:**

Imagen Google

En el contexto de los proyectos de Colaboración UNIVERSIDAD-EMPRESA y por iniciativa del Área de Innovación Tecnológica en la Edificación de LA SALLE de La Universidad Ramón Llul surge, en el año 2003, el PROYECTO BRASILIA orientado a la creación de una MARCA que evalúe la habitabilidad tecnológica en la edificación, con especial atención en los aspectos referentes a la

- Sostenibilidad
- Confort
- Ocio
- Ergonomía
- Tecnología

p r o y e c t o

brasiliA
sostenibilidad y tecnología

■ **Aportar una** certificación **de la buena integración de los elementos tecnológicos en una vivienda y el cumplimiento de las normativas y recomendaciones actuales en materia de acústica, sostenibilidad etc.**

■ **A partir de la creación de la** Sala Barcelona Digital, **aunar e** impulsar sinergias **y acciones comunes de los diferentes actores y sectores empresariales implicados**

Imágenes Google

Así, y desde la idea de la Universidad como institución gestora e integradora, el Proyecto **BRASILIA** pretende convertirse en el eje central y *vertebrador* de las innovaciones que aparecen en los sectores implicados en la construcción. En cuanto a la marca que plantean, la vocación de la misma es servir de referente y guía básica a la calificación de edificios, y estructurar e impulsar el mercado y un nuevo modelo de negocio en torno a ella. Respecto a esta marca de calidad, son de destacar los aspectos que incluye relacionados con la ecología y sostenibilidad. Así la **ecomarca** de sostenibilidad lanzada por el Proyecto **BRASILIA** aborda las cuatro etapas del ciclo de vida de un edificio:

- Diseño
- Implantación
- Uso
- Derribo

De este modo, y con el análisis de cada una de estas etapas, se garantiza la calidad de sostenibilidad en cada una de ellas, y sirve para diferenciar aquellas edificaciones que fomentan el desarrollo sostenible, de las que no. Así, la aplicación de la **marca** se convierte en una guía y a la vez en una auditora del cumplimiento del **nuevo CTE.**

Experiencia Piloto

Imagen Google

SalaBcnDigital

Las diferentes actividades de formación y divulgación que lleva a cabo la iniciativa **BRASILIA**, se complementan con la creación del espacio de formación, testeo y difusión **SalaBCNdigita**l. Como señala **Gemma Batlle** la coordinadora del proyecto:

> " La Sala BCN Digital es un espacio para poder llevar a la práctica los aspectos más relevantes que se tratan teóricamente en la marca, tanto en su vertiente tecnológica como sostenible. En primer lugar la SalaBcnDigital incorpora dos tipos de paneles solares: paneles solares térmicos, que se encargan del calentamiento del ACS; y paneles solares fotovoltaicos, que pueden llegar a generar hasta 600Wp. La sala dispone además de una cubierta vegetal con doble función ya que ayuda a regular la temperatura interior de la sala y a la vez permite controlar el acceso de luz natural al interior de la vivienda. Los materiales utilizados, en gran parte, son materiales reciclados y reciclables. Las maderas del mobiliario son autóctonas, se ha evitado la utilización del PVC y aluminio en la medida de lo posible. La implantación de la obra se hizo siguiendo la pautas que dictan los planes de gestión medioambiental (consumo de recursos, emisiones, vertidos, afectación suelo y biodiversidad, gestión de residuos,

etc.). Y se le da un uso responsable y acorde con el respeto al medioambiente."[67]

Del mismo modo, todos los espacios interiores de la Sala, han sido ideados bajo los criterios de flexibilidad anteriormente citados. El detalle de cada una de las estancias que configuran la Sala, permite observar que este ha sido un criterio prioritario junto a los de accesibilidad, sostenibilidad y ahorro de energía. A este respecto los criterios centrales para toda la edificación son:

- Implementación de sistemas domóticos
- Criterios de sostenibilidad en la elección de materiales, la generación y ahorro y control de energía
- Accesibilidad y adaptación para personas con movilidad reducida
- Criterios de confort térmico, acústico y lumínico
- Infraestructuras para las TIC
- Redes de acceso a banda ancha PLC
- Música IP, videostreaming e Internet
- Flexibilidad y variabilidad de espacios

De acuerdo a estas características principales, las instancias interiores quedan configuradas así:

DORMITORIOS Y DESPACHO

- Telemedicina y teleasistencia
- Materiales respetuosos con el medioambiente
- Control término y lumínico
- Movilidad del mobiliario convertibilidad de espacios
- Flexibilidad

DESPACHO

- WLAN, videoconferencia, PLC
- Conexión a Internet
- Control término, lumínico y de seguridad
- Movilidad del mobiliario convertibilidad de espacios

---

[67] Gemma Batlle Ponce Coordinadora del Proyecto Brasilia, Área de Tecnológica en la Edificación La Salle URL En una entrevista para CONSTRUIBLE.es

- Flexibilidad

COMEDOR_COCINA

- Gama blanca inteligente con conexión a Internet
- Conexión a Internet
- Recogida selectiva de basuras
- Detección de fugas y humos
- Control término y lumínico
- Flexibilidad

BAÑO

- Lavabo adaptado
- Materiales reciclables y reciclados
- Control término y lumínico
- Cromoterapia
- Controladores de presión para reducir el consumo de agua
- Descalcificación del agua, osmosis y tratamiento del agua
- Control de temperatura, iluminación y detección de fugas
- Flexibilidad

SALA_HOME-CINEMA

- Sala aislada acústicamente
- Control término y lumínico
- Sistemas de proyección
- Sonido dolby surround
- Flexibilidad

El resto de la instalación está orientada a actividades formativas y de demostración.

Del mismo modo, el Proyecto **SOCIOPOLIS** impulsado por la Generalitat Valenciana bajo la idea, de **Vicente Guallart,** suma nuevas consideraciones a los aspectos acogidos por el **PROYECTO BRASILIA**. Así mientras en éste destacan más los aspectos relativos a la integración de aspectos ecoeficientes, tecnológicos y arquitectónicos, junto con la integración de los agentes y actores participantes, **Vicente Guallart** ha recogido la importancia de los aspectos sociodemográficos con objeto de configurar una oferta adecuada socialmente. **SOCIOPOLIS** con una vocación claramente social, promueve la construcción de viviendas protegidas y en alquiler, que respondan a las nuevas formas de familia y convivencia. Otra de las notas características del proyecto, se refiere a la promoción de espacios de convivencia e interacción social, y a aspectos relacionados con la conservación de la huerta valenciana (inclusión de huertos urbanos), el paisaje y el medioambiente. El proyecto presentado en **2003 en la Bienal de Valencia**, plantea la construcción de **2800** viviendas en una superficie aproximada de **350.000** m^2

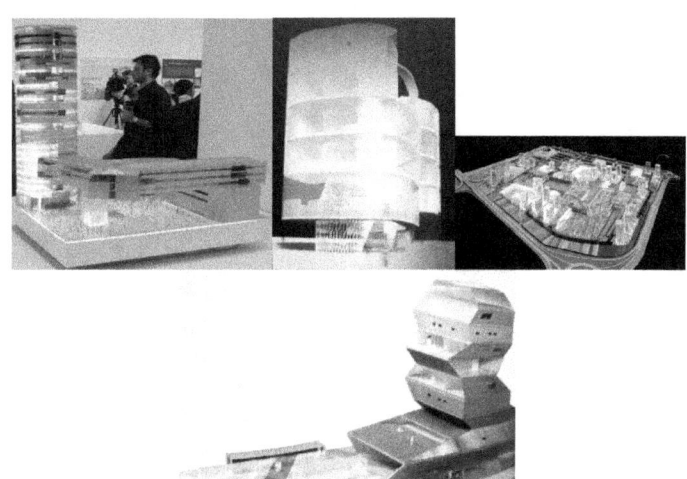

Imágenes Google

5 PROPUESTA DE UNA TIPOLOGÍA DE NUEVOS TIPOS DE VIVIENDA, ORIENTADA A LA REALIZACIÓN DE PROYECTOS CONCRETOS

Un análisis pormenorizado de la oferta y la demanda, junto con un recorrido por las diversas tendencias constructivas actuales, los proyectos y las previsiones, y opiniones de los expertos, nos ha permitido hasta aquí, perfilar un marco teórico en el que poder articular un nuevo concepto de vivienda. Por tanto, únicamente resta ahora, esbozar una propuesta que como primera aproximación sirva de punto de arranque de futuras reflexiones.

Si se desea abordar el análisis de todos los cambios y transformaciones que se están sucediendo y su repercusión sobre el habitar humano, es necesario un punto de vista global y **pluridisciplinar**. Todo este análisis orientado a la realización de proyectos e iniciativas concretas requiere de una visión desde distintos puntos de vista, que enriquezca el análisis, las actuaciones y propuestas, enfocándolas a su consecución exitosa.

Por ello, esta propuesta de una tipología de nuevos tipos de vivienda, debe hacerse a partir de un equipo multidisciplinar de profesionales, con vocación integradora.

En esta primera aproximación, no se pretende más que ofrecer un marco de actuación que sintetizando la información ofrecida anteriormente, dibuje un panorama que guíe actuaciones

173

específicas. Esta tipología presenta una clasificación global de posibles tipos de vivienda, que configurados a partir de determinadas características y prestaciones, pueden constituir una oferta diferenciada más acorde con las necesidades y demanda social.

Esta clasificación, es un primer mapa conceptual en el que no se desarrolla en detalle cada elemento de la tipología, pues únicamente se pretende ofrecer una visión global que oriente actuaciones concretas, a partir de **"tipos de vivienda"** específicos aun por determinar. Esta concreción que podría llevarse a cabo a partir de un equipo de expertos, al modo del **Proyecto Casa Barcelona**, **Brasilia, SOCIOPOLIS** y otros, es aún algo por determinar. A pesar de ello, todos y cada uno de los tipos, se enmarcan en una nueva misma concepción de la vivienda en la que se tienen en cuenta ciertos elementos y factores estructurales que son los que sirven de base a la clasificación.

A este respecto, el primer elemento a tener en cuenta es el **marco legal** en el que se prevé se va a desarrollar esta nueva concepción de vivienda. Este marco legal que a su vez, es un factor fundamental de estímulo, se estructurará respecto a diversas normativas e iniciativas, que desde distintos ámbitos se están desarrollando; estas son entre otras:

- Nuevo CTE, (Código Técnico de la Edificación)
- Urbanismo: Legislación y planeamiento del Ministerio de Vivienda
- Vivienda: Normativa del Ministerio de Vivienda
- Edificación: Normativa y control de calidad, Ministerio de Vivienda
- Ley de ordenación de la edificación
- Legislación sobre Medioambiente y Construcción, Col·legi de Aparelladors i Arquitectes
- Libro Blanco del Hogar Digital, Telefónica
- Libro Blanco de la Construcción Sostenible
- Versión española de LEED, Consejo de la Construcción Verde
- Desarrollo del Sello de calidad (Consellería de Infraestructuras de la Comunidad Valenciana) para viviendas de nueva construcción, respecto a siete parámetros: funcionalidad, accesibilidad, higiene y

medioambiente, dotaciones, aislamiento acústico, ahorro energético y mantenimiento.
- Comisión del Hogar digital
- Nuevo sello verde.
- Regulaciones correspondientes de las CEE

Este marco legislativo tiene en cuenta además de los aspectos generales de habitabilidad, los relativos a la protección del medioambiente, y a la implementación de tecnología en las viviendas y edificaciones. Por tanto, de este marco legislativo, se desprenderán normas y reglamentos que ineludiblemente y por su carácter preceptivo supondrán transformaciones en las viviendas.

En este contexto la tipología se estructura en torno diversas variables fundamentales:

- **Elementos de innovación en promociones inmobiliarias**
- **Tipologías de familia y nuevas formas de convivencia**
- **Coste económico de la vivienda**

En primer lugar hay que tener en cuenta que de un modo u otro las innovaciones citadas, como la implementación de nuevas tecnologías en el hogar, la consideración de nuevos materiales y elementos relacionados con el mantenimiento del medioambiente, la sostenibilidad, atención a las discapacidades, etc., se irán incorporando a la vivienda estimuladas por factores de muy diversa índole. Bien por vía preceptiva, bien por demanda social, o simplemente adoptadas por el promotor para diferenciar su oferta tratando de obtener ventajas en el mercado, o animados por otros sectores productivos y económicos, estos elementos serán habituales en nuestros entornos a medio plazo. La implementación de unos y/u otros con mayor o menor profusión se efectuará en función del tipo de unidad familiar, del momento de su ciclo vital y de las necesidades funcionales de sus inquilinos. Por ello, cada tipo de vivienda dispondrá de estos en mayor o menor medida, y de unos u otros, en función de las otras dos variables de cruce consideradas: **Tipología familiar** y **Coste económico de la vivienda**, desde las de protección oficial hasta las del segmento más alto. Una tipología básica que sirva para guiar la configuración del proceso oferta/demanda quedaría como sigue:

Cuadro 30 Fuente: Elaboración propia

IMPLEMENTACIÓN DE LAS DIFERENTES INNOVACIONES EN TODO TIPO DE VIVIENDAS RESPECTO AL RESTO DE VARIABLES DE CRUCE QUE CONFIGURAN LOS DIVERSOS TIPOS DE VIVIENDAS Y EL MARCO LEGAL VIGENTE

TIPOS DE FAMILIA

COSTE DE LA VIVIENDA	Jóvenes solos	Personas mayores solas	Jóvenes parejas sin hijos	Parejas mayores sin hijos	Parejas de mediana edad sin hijos	Familias con hijos menores de 10 años	Familias con hijos mayores de 10 años	Hogares mono-parentales	Familias de más de dos generaciones
Viviendas de alto standing	TIPO 1	TIPO 2	TIPO 3	TIPO4	TIPO 5	TIPO 6	TIPO 7	TIPO 8	TIPO 9
Viviendas libres de coste medio/alto	TIPO 10	TIPO 11	TIPO 12	TIPO 13	TIPO 14	TIPO 15	TIPO 16	TIPO 17	TIPO 18
Viviendas de protección oficial	TIPO 19	TIPO 20	TIPO 21	TIPO 22	TIPO 23	TIPO 24	TIPO 25	TIPO 26	TIPO 27

La tabla presentada admite aún, la inclusión de nuevas variables de interés, como por ejemplo:

* El contexto de localización de la vivienda, es decir si se trata de un entorno **rural** o **urbano** y
* El tipo de vivienda **turística** o **residencial**, teniendo además en cuenta, si los residentes son extranjeros o no.

Todas estas combinaciones darían lugar a muchos más tipos, construyendo una clasificación prácticamente inmanejable, con lo que se perdería su funcionalidad y objetivo, que es servir de base y guía para el diseño de actuaciones concretas. Con ello, sólo queremos destacar que la consideración conjunta de todos los elementos de innovación tratados, dibuja un panorama de diversos tipos de viviendas que se corresponden con diferentes segmentos del mercado. Estos se reflejan en los **27** tipos de la tabla, lo que indudablemente no quiere decir que se trate de **27** tipos esencialmente diferentes de vivienda. Así, por ejemplo, los **TIPO1** y **3**, corresponden a un tipo semejante de vivienda, etc.

Por el contrario la idea es, a partir de todos lo elementos de innovación considerados, construir un **prototipo** de **vivienda básico** o medio, al que fácilmente se puedan añadir, acomodar o implementar más elementos y/o infraestructuras y servicios, según las necesidades de cada segmento de la demanda.

Esta es una tarea que excede de los objetivos de este texto y que como he señalado anteriormente ha de llevarse a cabo, con la cooperación coordinada de un equipo multidisciplinar de profesionales, desde expertos en cuidados a la tercera edad, hasta arquitectos de interiores o especialistas en ergonomía, pasando por los profesionales tradicionalmente asociados al sector, además de informantes clave sobre fabricantes, proveedores, instaladores, etc.

Por ello, a continuación, únicamente se muestran los elementos de innovación tratados, exponiéndolos como estructura del diseño de este prototipo de vivienda básico, que responda a las previsiones de los expertos para un futuro próximo.

Elementos para el diseño de un prototipo de vivienda básico de referencia, para la implementación de elementos de innovación en promociones inmobiliarias, correspondientes a distintos segmentos del mercado:

- Elementos relacionados con la instalación de **Infraestructuras tecnológicas**
    - Domótica y Telecomunicaciones (Creación de ambientes inteligentes)
- Elementos relacionados con el respeto al medioambiente y la **construcción ecológica y sostenible**
- **Aspectos medioambientales y de ahorro energético**. Infraestructuras y diseños que permitan la implementación de los demás elementos en viviendas y entornos bioclimáticos
- **Elementos arquitectónicos**
    - Nuevos materiales
    - Estructuras modulares, flexibles y reconvertibles
    - Accesibilidad a espacios físicos

Los estudios de mercado y aportaciones de expertos podrían ayudar a determinar cuáles de las aplicaciones concretas de estos criterios, son las más funcionales, necesarias y demandadas por los usuarios. Con esta información es posible orientar la oferta en base e elementos de innovación correspondientes a los ámbitos mencionados: tecnología, sostenibilidad, nuevas formas de convivencia, nuevos materiales, accesibilidad etc.,. Una vez determinados los elementos de innovación o mejoras, que en un futuro próximo serán consideradas *imprescindibles*, por consumidores y legisladores, el paso posterior es precisar las condiciones técnicas de su implementación. Es decir, tipo de elementos constructivos, estructuras, materiales, infraestructuras, instalaciones, etc.

Todo ello supondría una guía de estándares básicos en todo tipo de vivienda y su implementación concreta se realizaría en función del resto de variables. Es decir, se pueden perfilar unos servicios domóticos mínimos para todo tipo de viviendas, que se vean mejorados en las viviendas más caras o implementados de manera específica y diferente, según el tipo de vivienda. Por ejemplo, en un segmento medio y medio alto, la implementación de domótica con servicios de telemedicina y la accesibilidad a los espacios, serán elementos prioritarios en los tipos de vivienda **2, 11, 4, 13, 9 y**

18. Por otra parte las características más relevantes para los hogares tipo **6, 7, 8, 12, 15, 16 y 17**, son la funcionalidad, flexibilidad y versatilidad de espacios y buenas inter y telecomunicaciones. Todas estas consideraciones ayudan a configurar un **tipo de VIVIENDA BÁSICO**, que se transforma, amplía -tanto en su espacio como en sus prestaciones digitales-, se reconvierte y mejora en función de las necesidades de sus moradores.

Otro aspecto a considerar en la aplicación de este tipo de iniciativas, es la dinámica del mercado y la respuesta de la demanda, que a pesar de ser una demanda inducida como argumentamos anteriormente, condiciona la oferta, con la evolución en su uso y apropiación de estas características de las viviendas.

Como hemos visto muchos son los proyectos, que de manera más o menos intuitiva se orientan hacia esta línea de actuación, centrándose en unos u otros aspectos. Desde las empresas de domótica más pequeñas, las mayores empresas eléctricas, los grupos financieros e inmobiliarios, hasta las instancias públicas (nuevo CTE), todas ellas suponen impulsos orientados a configurar una nueva realidad. Pero en todos los casos, el supuesto implícito de partida es el mismo ¿cómo implementar los desarrollos tecnológicos logrados en combinación con el resto de variables, y estructurar un mercado altamente productivo?. Ello tiene como consecuencia, que en la práctica todo se reduce a intentar introducir en el mercado el producto o proceso que se oferta, obteniendo la máxima rentabilidad. El resultado es que en un mercado tan complejo y desestructurado, en el que ninguno de los actores ha sido capaz de idear un **modelo de negocio** adecuado a la demanda, la imagen del **hogar digital** aparece en el imaginario colectivo como algo **caro**, **engorroso** y más relacionado con la **ciencia ficción** que con una realidad cotidiana. Del mismo modo, para los agentes que se encuentran en el lado de la oferta, su imagen se asemeja a la de un arco iris tras el que se encuentra el *botín*, pero por mucho que se acerquen, siempre se encuentran a la misma distancia, incapaces de traspasar ese umbral. Así, que todo ello apunta a que quizá fuera conveniente una revisión de los presupuestos tradicionales de partida, y cabría la posibilidad de pensar de modo más creativo. En cierta medida esto hace necesario observar con nuevos ojos todos los planteamientos anteriores, y pensar que el cambio de algunas percepciones, e incluso valores, por parte de la oferta y/o la demanda es posible. No sólo posible sino aconsejable para producir un **mecanismo de cierre** que incentive y estructure el mercado. En lugar de ver únicamente una posibilidad de un nuevo nicho de mercado, en el que el único objetivo es la venta indiscriminada de productos nuevos relacionados con el hogar digital, el objetivo para potenciar el mercado debiera de ser otro. Cabría preguntarse ¿cómo puede orientarse la tecnología disponible y la que podemos desarrollar para el bienestar humano?, ¿qué es lo que la tecnología puede y deseamos que haga por nosotros?. Debemos de cambiar el supuesto *ingenieril* y reduccionista de que las tecnologías son ideadas, y tienen una función que conduce directamente a su demanda, implementación y uso, en una secuencia incuestionable como la que figuraba en el **Lema de la Exposición Universal** de **Chicago 1933**: **"La ciencia descubre, el genio inventa, la industria aplica y el hombre se adapta"**. Por el contrario, pensar en la tecnología como una construcción social en la que todos intervenimos, y preguntarnos qué queremos hacer con ella, puede resultar un punto de partida mucho más fructífero, tanto para la oferta como para la demanda. Y sabemos que cuando es posible articular un consenso más o menos tácito, entre los agentes relevantes implicados en la innovación tecnológica, el mercado se estructura en torno a un producto que se configura estable. Sin embargo el mercado del **hogar digital** y los productos y procesos con él relacionados, se presentan en él de manera desintegrada e inconexa. La diversificación de los protocolos, dispositivos, etc., responde más bien a un proceso vacilante de búsqueda (ensayo/error) de un mercado, que a la consecuencia lógica de diferenciación y nuevas versiones de un producto estable. Por ello, nos encontramos con la inexistencia de un **modelo de negocio** que entre otras cosas impide perfilar una imagen social favorable y más o menos homogénea, y limita la elaboración de un discurso publicitario que incida en esta cuestión. Recordemos el vital papel de la propaganda en el caso de la bicicleta como uno de los mecanismos de cierre. ¿Pero en este caso que se puede anunciar?, ¿Qué es lo que se vende?, ¿qué es un hogar digital?, ¿cómo se vende un hogar digital?, ¿a quién va dirigida la oferta?. Es necesario poder responder a estas preguntas como primera aproximación hacia un modelo de negocio exitoso, del mismo modo que cambiar, como hemos visto, nuestro punto de partida. Para muchos, plantearnos qué queremos hacer con la tecnología y que deseamos que ésta haga por nosotros, es únicamente un sueño, pues el mercado sigue su propia dinámica y antes o después, encontrará el modo de introducir las innovaciones tecnológicas de todo tipo, en el hogar. El resultado puede convertir al hogar digital en una amalgama inconexa, ecléctica y heterodoxa de aparatos y funciones infrautilizadas junto a necesidades insatisfechas. Por tanto prepárese a soñar, sobre todo cuando el sueño promete una expectativa que puede ser real.

6 EL PROYECTO ECOVILLA DIGITAL

PREPÁRESE A SOÑAR

Imagine una nueva forma de vida. Imagine una casa convertida en fuente de beneficios económicos para usted. Imagine una vivienda en una sola planta. Imagine una casa en la que no tenga frío en invierno, ni calor en verano. Imagine no tener que soportar embotellamientos de tráfico, ni colas en la caja del hipermercado para hacer la compra. Imagine que uno de sus hijos está enfermo y usted puede dejarlo fácilmente con personal especializado de confianza, que lo cuidará, sin tener que recurrir a su madre o a su suegra, mientras usted puede atender sus asuntos. Probablemente le parecerá adecuado e incluso quiera hacerse cargo de sus mayores cuando llegue el momento, -cosa que no siempre es posible- y sabe que esto acarreará conflictos y tensiones respecto a la nueva familia que usted ha formado. Imagine que en esta situación, pudiera disponer de una casa diseñada espacialmente para que pudieran convivir "juntos pero no revueltos" en las ocasiones en las que ello fuera necesario. Esta misma arquitectura propiciaría también un espacio que les permitirá a sus hijos adolescentes adquirir una independencia paulatina, etc. Puede convertir ciertas zonas aisladas de la casa, pero convergentes con ella, en zonas de trabajo o en zonas para su solaz. Incluso pueden servir para albergar invitados o inquilinos aumentando el rendimiento que su vivienda le ofrece. Imagine que nunca más tendrá que planchar, fregar, limpiar el baño, tirar la basura, cocinar, ¡por supuesto que podrá hacerlo!, la diferencia es que NO TENDRÁ que hacerlo si no lo desea. Imagine que cuando pasea ve madurar los tomates que luego comerá, o las naranjas que merendarán sus hijos. Imagine que nunca más tendrá que *hacer de jefe* de las personas que le ayudan en sus labores domesticas, que no tendrá que aleccionarlas, instruirlas, vigilarlas, ni sentirá invadida su intimidad. Imagine que nunca más tendrá que vaciar todo el bolso para encontrar las llaves de su casa y poder entrar. Imagine que no discutirá más con su pareja por quien hace la cena o vacía el lavavajillas. Imagine que cuando está enfermo no tiene que desplazarse al médico. Imagine que ha dejado su casa abierta con todas las luces encendidas y no pasa nada. Imagine que si un miembro de su familia tiene algún tipo de discapacidad, en mayor o menor medida todos la tenemos en algún momento de nuestra vida, puede disfrutar de todas las comodidades de su hogar del mismo modo que el resto de la familia. Imagínese que debe de seguir algún tipo de dieta especial y alguien se preocupa de ello por usted. Imagine que puede sentirse de vacaciones todo el año. Imagine vivir en un hotel que es a la vez su hogar. Imagine que en cierto modo puede disfrutar con el placer de sentirse millonario sin serlo. Sí, imagine que usted puede disponer de un mayordomo, sí. En este caso, de un **mayordomo digital**. Más que en su sentido estricto: persona a cuyo cargo está la administración y organización de una casa o hacienda, la idea de mayordomo se ha ido desdibujando a medida que la aristocracia se desleía entre el resto de clases o estratos sociales y actualmente está más unida a la de *personal assistant*. De nuevo la literatura y el cine nos han mostrado grandes mayordomos, desde los neuróticamente ortodoxos como el **Sr. Stevens**, magistralmente interpretado por **Anthony Hopkins**, en *Lo que queda del día*, pasando por el ama de llaves de *Rebeca* y **Hudson** el mayordomo de la legendaria serie *Arriba y abajo*, hasta el extravagante y leal **Passepartout** de *La vuelta al mundo en 80 días*.

184

Imágenes Google

En la última película de **Chaplin**; *La condesa de Hong Kong*, en la que intervienen **Marlon Brando** y **Sophia Loren**, el protagonista **Brando**, un acaudalado norteamericano, con ambiciones políticas, dispone de un mayordomo altamente eficiente. Después de una velada junto a dos amigos más, y sendas condesas rusas que sufren su exilio en **Hong Kong**, el mayordomo de **Brando** recoge su ropa mientras este se dispone a tomar un baño. Al observar que la pechera del *smoking* de su señor, está llena de números de teléfono anotados con carmín, el mayordomo sin mediar palabra, se sienta sobre el escritorio a tomar nota de ellos en la agenda de **Brando**, que no parece sorprendido ante tal gesto, es normal ¡es su mayordomo!. ¿Cuántos de ustedes están acostumbrados a esto?. Imagine que quiere y puede acostumbrarse a su **mayordomo digital** e imagine que mientras usted disfruta de todo ello, su casa está produciendo réditos para usted, al tiempo que ahorra sus recursos y energía. Imagine que la construcción de espacios es diseñada para su bienestar y que a medida que los utiliza, estos interactúan con usted de modo que ellos se enriquecen y aumenta su bienestar. Imagine un paisaje de zonas comunes con edificios singulares y áreas que ofrecen diferentes servicios. Imagine incluso la iconoclasta y "sacrílega" posibilidad de crear espacios para la espiritualidad de las personas, que la estimulen y la hagan vívida, sin necesidad de ninguna iconografía siendo válidos tanto para un protestante, un ortodoxo, como para un musulmán, budista, cristiano, judío, ateo, etc.[68]

Fuente: Eduard Petterson Arquitectura minimalista pp.146 y 148

---

[68]   Se trataría de una idea similar e inspirada, en la que desarrolló **Takashi Yamaguchi & Associates** en el Noroeste de Tokio denominada **TEMPLO BLANCO**. La construcción corresponde a la idea de dar espacio físico a una reivindicación religiosa, desde una nueva concepción. En Japón es tradicional rendir culto únicamente a los antepasados de la línea paterna, de modo que el proyecto nace de la necesidad de reconocer también a los de la vía materna. Se creo así un espacio que envuelve al visitante en una atmósfera relajante y segura similar o que recuerda a la del útero materno. **Yamaguchi** además, quiso introducir la idea de movimiento en un espacio de reducidas dimensiones: 74m^2. Para ello combina la estructura y diseño del edificio con el exterior, en concreto con la luz exterior. La luz que se hace más intensa o más tenue en el interior del edificio, produce un efecto de expansión y compresión del espacio en función de ella. Esto le confiere las propiedades de una metáfora con un organismo vivo integrado en su medioambiente. Así durante el día y lleno de luz, el edificio blanco sintetiza y recoge toda su intensidad destacando por su color, y por la noche se desdibuja y pierde en su entorno

Imagine, Imagine e Imagine que los sueños se hacen realidad. Imagine que incluso sueños que usted ni imagina se hacen realidad. **Edison** imaginó un mundo de casas de cemento,

Imagen: *Los Grandes descubrimientos* Thomas Alba Edison Grupo Editorial Planeta

con chimeneas y otros elementos de cemento que albergaran sus fonógrafos, imaginó casas que podrían construirse en 48 horas y las construyó; muchas de ellas siguen aun en pié.

Imagen: *Los Grandes descubrimientos* Thomas Alba Edison Grupo Editorial Planeta

Le Corbusier imaginó con su proyecto **DOMINO**, que las casas podrían construirse en serie como los coches. ¿Ha imaginado, que lo que usted ni siquiera imagina, es imaginado por otros que hacen sus sueños y los de usted realidad?, ¿Ha imaginado una casa que pueda construirse en 24 horas?, pues alguien sí lo ha imaginado y lo está haciendo realidad.

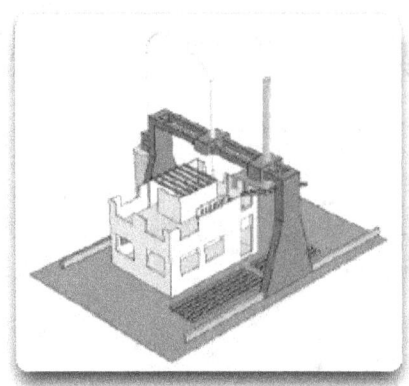

Imagen Google

Redescubriendo la idea de **Le Corbusier** el **Dr. Behrokh Khoshnevis** de la **Universidad de California del Sur**[69], imagina casas en serie construidas por grandes ***robots plotters ·3D*** . ¡Imagine, imagine usted!

---

[69]   En sintonía con el pensamiento de **Le Corbusier** pero muchos años después el profesor **Behrokh Khoshnevis** afirma que no tiene sentido que si la mayor parte de los productos que consumimos son fabricados industrialmente, la casa no lo sea también "tus zapatos, tu ropa y tu automóvil son fabricados automáticamente, pero tu casa es construida a mano, y eso no tiene ningún sentido". Este sistema de construcción reduce en una quinta parte el coste de producción de una casa y presenta algunas ventajas más en cuanto a acabados, materiales y tiempos (el objetivo del proyecto es construir casas de dos pisos en 24 horas). El robot funciona como una impresora 3D construyendo la casa por capas, de suelo a techo, incluso con diseños complejos.

LA ECOVILLA DIGITAL

El prefijo **eco,** tan presente e indisolublemente unido a nuestra vida cotidiana, es algo tan familiar que se ha convertido en uno de los principales reclamos comerciales, hasta el punto de hacerse necesaria una regulación jurídica al respecto. **Eco** significa, entorno vital y entre otras de sus muchas acepciones esta es la que se adecua al sentido de nuestra idea. **Eco** es el contexto en el que se desenvuelve la vida orgánica y social, las interacciones, los logros, las discusiones, los valores, las ilusiones…, en definitiva nuestra vida y el eco de nuestra vida. El término **villa** hace referencia a una población con ciertas características especiales y/o privilegios, que la diferencian de otras formas de habitar de su entorno. Tanto el prefijo **eco** –del griego *oikos*: casa- como la palabra **villa** hacen referencia a conceptos como casa o morada, y es en este sentido, en esta forma, como lo asumimos en nuestro discurso, una forma de habitar en su contexto; naturaleza, cultura y sociedad. En cuanto al término **digital** no parece necesario precisarlo pues se ha convertido en el sufijo más prolífico de nuestro contexto sociotécnico. En este sentido, este término es adecuado por la utilización intensiva de dicha tecnología en la **Ecovilla**, que permitirá digitalizar múltiples tareas y servicios, que tienen su centro en los hogares digitales en red. El concepto **digital**, en el sentido que aquí lo utilizamos, hace referencia a que la digitalización de ciertas funciones conduce en cierto modo a su *virtualización*, hecho que hace necesaria la transformación físico/espacial de los espacios originales de referencia. Así muchas de las funciones que anteriormente realizábamos de otro modo, ahora se estructuran digitalmente, esto produce una creciente *virtualización* de procesos y funciones y hasta de nuestra identidad misma. No necesitamos un bolígrafo, un sello ni un buzón de correos, para redactar y enviar una carta, tampoco necesitamos esperar en una ventanilla para sacar un billete de tren o avión. De este modo los espacios físicos unidos a estas funciones también se *virtualizan* y transforman físicamente, pero aunque enviemos un e-mail en lugar de una postal, o reservemos nuestro vuelo por Internet, continuamos sintiendo emoción al recibir un correo esperado, facturando nuestro equipaje y ocupando un asiento en el avión. Los espacios que siguen manteniendo su contingencia física, se transforman necesariamente debido a que los procesos que transcurren en ellos han cambiado de naturaleza. Y por ello, además, se hacen necesarios nexos de unión entre estos crecientes procesos de *virtualización* y sus espacios físicos de referencia transformados.

En este sentido, el concepto de **Ecovilla Digital**, aunando la implementación tecnológica que implica, con las tendencias de preocupación ecológica y medioambiental, dibuja un nuevo espacio social transformado, nexo entre su representación y funcionamiento virtual y su contingencia física inmediata. Por otra parte, otras dimensiones se ven también transformadas y adquieren un nuevo significado. De este modo, espacio y tiempo como dimensiones esenciales de la existencia humana, se ven constantemente modificadas por los productos de esa misma existencia, y la continua interacción del hombre, como ser social, con la naturaleza. Especialmente en el último siglo, en concreto en las tres últimas décadas, los avances tecnológicos han cambiado drásticamente estas dimensiones de referencia. Así, la aceleración y densificación del tiempo, junto con la creciente capacidad ubicua de los diferentes actores sociales, son las dos manifestaciones más patentes del desarrollo de las tecnologías de la telecomunicación.

En este sentido, muchas son las especulaciones, que desde distintos ámbitos, se vienen desarrollando en cuanto a cómo estas nuevas tecnologías afectaran el habitar humano y la relación de los seres humanos con su entorno natural. En este contexto prospectivo los especialistas anuncian que las tendencias de evolución de los usos del tiempo en las viviendas, propiciarán una modificación notable del tiempo dedicado al ocio individual o familiar, y a los cuidados personales.

Del mismo modo, prevén, con una alta probabilidad de ocurrencia, que durante el periodo **2000/2020**[70], las innovaciones tecnológicas en domótica, de seguridad, constructivas y medioambientales aplicadas al hogar convertirán a éste en una "casa moderna", **"casa segura", "casa sensible", "casa ecológica", "casa centro de trabajo", "casa automática", "casa hospital", "casa centro de ocio",** en definitiva en **"Casa Red"** Inter y multicomunicada.

---

[70]   **José Félix Tezanos** y **Julio Bordás** Estudio Delphi sobre la casa del futuro. P 51 CIS Madrid. 1999

190

Así, el propósito de la idea que aquí se presenta tiene por objeto la construcción de un entorno que apoyado en las nuevas tecnologías, y en línea con las tendencias arriba expuestas, propicie un **espacio de bienestar**. La configuración espacial de los lugares, condiciona la forma y la calidad de las relaciones que transcurren en ellos, sin embargo, los criterios constructivos habituales descansan en la especulación y el máximo beneficio, presentando las viviendas estándar como las mejores y/o únicas posibles. Si tenemos en cuenta la parte de los ingresos familiares y el tiempo de nuestra vida -tanto en cantidad como en calidad- que dedicamos a nuestra vivienda, esta cuestión no es en absoluto irrelevante.

Desde este punto de vista, la **Ecovilla Digital** es un proyecto residencial relacionado directamente con la noción del habitar humano en su sentido más amplio. Las características básicas a este respecto son:

- Construcción de espacios **tecnoarquitectónicos** en función de las necesidades y apropiación, que los usuarios finales pueden hacer de ellos
- Construcciones arquitectónicas en las que deben converger varias concepciones integradas:
  - **Bioclimática**
  - **Ecológica/Sostenible/Accesible**
  - **Tecnológica/Informacional**
- Creación de una **Red Digital** de **Servicios** destinada a cubrir múltiples aspectos y tareas cotidianas relacionadas con **labores domésticas**, **sanitarias**, de **seguridad**, *confort* y **bienestar**

LA ECOVILLA DIGITAL Y SU CONFIGURACIÓN COMO ENTORNO DE BIENESTAR

LA CASA
La casa y su composición arquitectónica

La casa indudablemente representa un característico símbolo de estatus, y por ello su imagen ha estado asociada, sobre todo a partir del siglo XX, a anhelos, expectativas e imágenes, que van más allá de su estructura arquitectónica y funcional. Este es un elemento fundamental, porque fija la demanda por parte de las familias, demanda que además se construye en interacción con las definiciones de vivienda de promotores, constructores, normativas legales respecto al suelo y del mercado inmobiliario en general. Aun perviven de manera masiva, las imágenes de las grandes casas con interminables escaleras, asociadas a los hitos cinematográficos de los años 40, **"Lo que el viento se llevó"**, **"Rebeca"**, **"Sospecha"** ... o los palacios grecorromanos de **"Quo Vadis"** y **"Ben Hur"**. De modo que para ciertos críticos y muchos arquitectos, la vivienda unifamiliar se convierte en el emblema de una ostentación inoportuna. Baste observar, la demanda de muchos más metros cuadrados de los necesarios, para la vivienda de una familia de dos o tres componentes, en las áreas metropolitanas de nuestras ciudades, plagadas de viviendas adosadas. Estos espacios terminan por convertirse en una rémora en la que el **ratio mantenimiento/disfrute** es realmente desequilibrado. A este respecto, bien valdría un comentario ilustrativo de cómo la oferta y la demanda confluyen construyendo y definiendo socialmente los modos de habitar. Respecto a la proliferación de viviendas adosadas, encontramos varios actores (legislación, promotores y constructores) fundamentales que -en interacción- hacen de este tipo de vivienda, una forma habitual de residencia. Por una parte, la calificación del suelo donde se asientan no permite una mayor explotación, de este modo, esta forma arquitectónica se convierte en óptima para promotores y constructores. Ellos mismos son quienes redefinen este tipo de vivienda, pues no podemos olvidar que en origen, estos asentamientos son característicos de las familias de las cuencas mineras inglesas, tal y como se aprecia en la película de **John Ford "¡Que verde era mi valle!",** de modo que sus connotaciones simbólicas nada tienen que ver con las actuales.

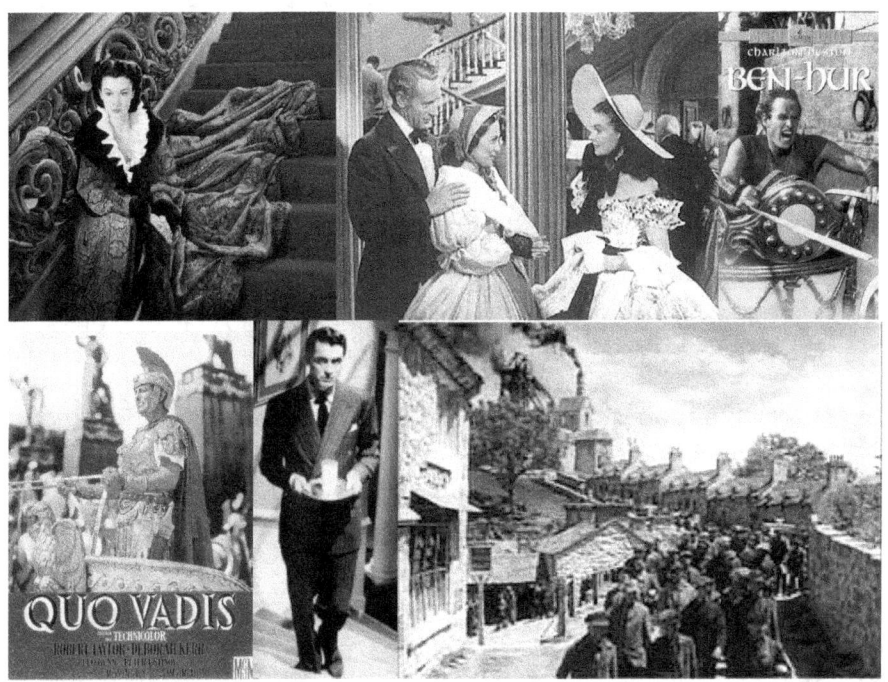

Imágenes: Google

Desde este punto de vista, nuestra propuesta no es convencional, y sin eliminar aquellas características simbólicas, relativas al estatus y cierto grado de *ostentación*, unidos siempre a la vivienda, intentamos desplazarlos a otros elementos nuevos –los tecnológicos y de *confort*- y no únicamente a los que resultan poco funcionales. En este sentido, el tipo de vivienda propuesta se caracteriza por adaptarse a las necesidades de la unidad familiar que la habitará, teniendo en cuenta el ciclo vital en que se encuentra. En general las características esenciales que deben traducirse en la construcción espacial y configuración arquitectónica concreta son:

- Adecuación del espacio a las necesidades funcionales (equilibrio entre estructura y función, **Le Corbusier**: la máquina de habitar)

- Flexibilidad para la reconversión de espacios

- Espacios que salvaguardan al máximo la privacidad individual al mismo tiempo que proporcionan el contacto con el exterior

- Del mismo modo, la **Casa Red** *blinda* el interior de la vivienda e intercomunica todos los elementos hacia el interior, y estos y la propia casa con el exterior; **Casa Red.** La idea central es: desde la casa **"hacia dentro"** y **"hacia fuera"**. Estructura que cumpla ambas funciones simultáneamente.

- Los **espacios**, **ergonómicos**, deben propiciar el bienestar general y resultar estimulantes y creativos

- Los **espacios**, además deben de ser **amables**, de modo que se estructuren en función de los estándares ideados para las personas con discapacidad, y así puedan ser **disfrutados por todos**.

En este sentido, la propuesta que ofrecemos consta de diversos tipos de viviendas, cuya configuración ecológica, bioclimática y arquitectónica final se elabora por un equipo multidisciplinar de expertos –arquitectos, ingenieros, técnicos informáticos, arquitectos de interior, especialistas en domótica, bioclimatismo, viviendas ecológicas, aprovechamiento de recursos energéticos, tratamiento de residuos, etc...- que trabajan en línea con los principios arriba indicados.

A pesar de ello, el esquema arquitectónico, que mostramos a continuación, bien sirve para ilustrar la idea prototipo de vivienda característica de la **Ecovilla Digital**, como entorno espacial.

Se trata de una vivienda de una sola planta que consta de tres zonas diferenciadas e integradas en un único conjunto. Realmente, son dos viviendas que confluyen en una dependencia intermedia -que sirve de paso interior entre una vivienda y otra-, y en la que se encuentra una zona diseñada para el *relax* y cuidado del cuerpo, con una piscina que se abre al exterior. Como señalamos anteriormente la casa debe mantener un justo equilibrio entre estructura y función, y por ello es esencial que se adapte al ciclo vital actual –y al futuro, si es posible- de la unidad familiar que ha de habitarla. En este sentido, la vivienda sucintamente descrita, responde a un estándar de familia en formación más o menos estable –aunque cada vez menos habitual-, e intenta cubrir los futuros ciclos hasta su extinción. Así se trata de un tipo de vivienda destinada a una pareja que ira cubriendo su ciclo expansivo con la llegada de los hijos, su posterior emancipación, etc... En este tránsito los hijos pasaran de la primera a la segunda vivienda en su etapa juvenil y previa al abandono del hogar, garantizándose el espacio vital y privacidad para padres e hijos, tan necesario en esta etapa del ciclo familiar. Cuando estos abandonen el hogar, probablemente los abuelos serán los nuevos moradores de la segunda vivienda, que de nuevo contribuirá a mantener la privacidad de los distintos habitantes de este hogar, evitando conflictos y promoviendo así el bienestar de unos y otros. Eventualmente, dependiendo de si estas situaciones se dan o no, esta segunda vivienda puede servir de zona de trabajo, casa de invitados o incluso huéspedes alquilados, pues el conjunto debe estar estructurado, de forma que pueda constituir un hogar, a la vez que funcionar separadamente, salvaguardando la intimidad e independencia de sus moradores. Estos mismos objetivos pueden ser cubiertos con otras medidas arquitectónicas, que se enmarcan en las actuales corrientes que economizan espacios partiendo de una definición flexible y versátil de los mismos. Por ejemplo, imaginemos un apartamento para un padre o madre divorciados, que convive con sus hijos únicamente determinados días, en su caso, sería útil un espacio diáfano, poco diferenciado y fácilmente *reconvertible* a base de módulos y estructuras correderas, que haga la vivienda apta para diferentes funciones y espacios.

En definitiva, las soluciones propuestas para favorecer la funcionalidad de la vivienda se resumen en:
- Espacios que respondan al ciclo, y potenciales ciclos evolutivos de la familia y/o
- estructuras arquitectónicas flexibles y reconvertibles.

Imagen: Google

Escala: 1:200
Parcela 839 m^2
Vivienda A: 140 m^2
Vivienda B: 49 m^2

B

A

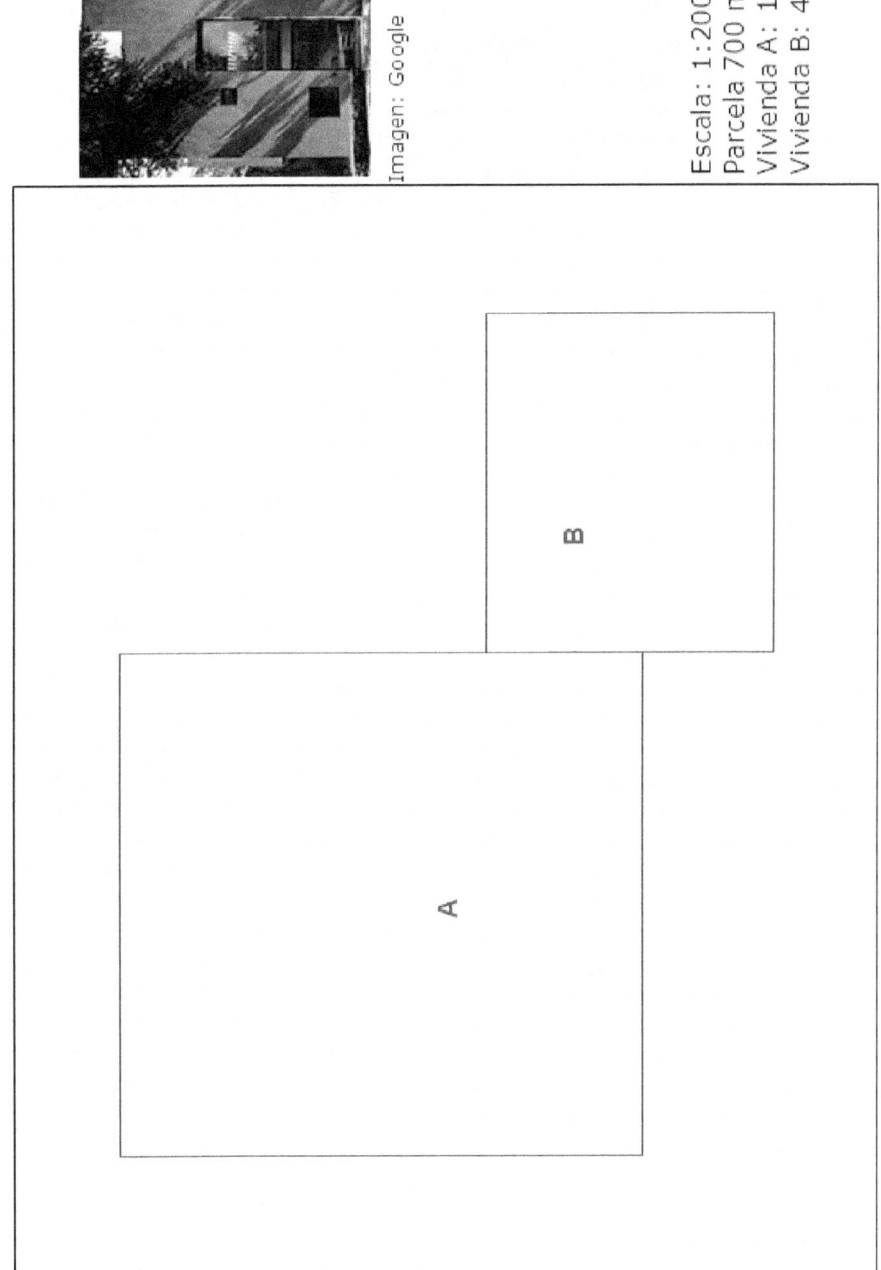

Imagen: Google

Escala: 1:200
Parcela 700 m^2
Vivienda A: 140 m^2
Vivienda B: 49 m^2

Imagen: Google

Escala 1: 200
Parcela 495 m^2
Vivienda A: 140 m^2

A

Como puede observarse, el rendimiento especulativo máximo del espacio, al que estamos tan acostumbrados, no es una prioridad de este proyecto y no se han concebido viviendas en dos alturas. Indudablemente, la construcción en altura aprovecha el terreno y asegura más espacio libre en la parcela, pero estas y otras consideraciones que aparecen como ventajas incuestionables, no están exentas de inconvenientes desde nuestro punto de vista. Las escaleras son un elemento funcional y ornamental de la vivienda que también presenta sus desventajas: en general supone una barrera a la accesibilidad. Las viviendas en altura obligan a multiplicar las dependencias dedicadas al aseo e higiene personal y otras, con la ineficiencia y "despilfarro" o desaprovechamiento de recursos, que ello conlleva. Hay que añadir además, que se multiplican "espacios inservibles", rellanos, rincones... que favorecen el aumento de **entropía positiva.** Con el aprovechamiento del terreno de la parcela ocurre algo semejante, el disponer de más metros útiles de terreno, se convierte en una carga de mantenimiento para su propietario, que tarda, a veces años, en adecuar totalmente. El "exceso de terreno", respecto a su funcionalidad, propicia de nuevo rincones y nuevas zonas que igualmente generan **entropía**. Por el contrario, consideramos que cuando los elementos estructurales de una vivienda tienden "prácticamente a la escasez", respecto a su utilidad, y están bien dispuestos, dan lugar a espacios que podríamos denominar "aentrópicos" (si esto es posible), en el sentido de que su estructura se resiste a la acumulación de entropía positiva, o bien que son capaces de contrarrestarla rápidamente con la entropía negativa –**negantropía-** que propician.

Imágenes: Google

Además de viviendas unifamiliares con parcela, están previstas otros tipos de viviendas, en bloque, de diversas configuraciones y siguiendo los mismos criterios arriba expuestos. Se trata de apartamentos de **50** a **120 m^2** con las condiciones de habitabilidad ya citadas. Estas viviendas están previstas para su alquiler, de modo que los beneficios obtenidos sirvan de base al mantenimiento, y puedan costear gran parte de los servicios comunes previstos, que detallaremos más adelante. Esto supondrá un régimen legal de propiedad comunitaria, aun por determinar, ya que esta forma de participación en la propiedad y en el reparto de los beneficios de la misma, resulta compleja ya que no es una figura habitual.

La casa es el ordenador, la estructura es la Red.

Resulta paradójico que al tiempo que técnicamente la concepción de domótica tradicional se encuentra superada por el concepto de **Casa Red**[71], el conocimiento y la aplicación de elementos domóticos en el hogar, esté tan poco difundido. Del mismo modo, empresas y desarrolladores de este tipo de productos no comprenden por qué su penetración en el mercado es tan reducida y culpan de ello principalmente a constructores, promotores o insuficientes/deficientes campañas de *marketing*. Los más avezados, sin embargo, comienzan a percibir que una de las principales limitaciones a la implementación de este tipo de tecnología, es que desde los propios suministradores no se ofrecen

---

[71]   Del mismo modo que anteriormente distinguíamos entre casa domótica y hogar digital, es interesante distinguir entre casa domótica y casa inteligente. Se habla de forma unívoca de casa domótica, hogar digital, **Casa Red**, casa informatizada, hogar inteligente o términos similares, como si fueran sinónimos que hacen referencia a un mismo concepto. Sin embargo no son conceptos equivalentes y es necesario hacer esta distinción. La casa domótica se refiere a una casa automatizada, a partir de la implementación de un sistema domótico, incorpora ciertos dispositivos que desarrollan automáticamente rutinas relacionadas con la seguridad, control de sistemas, gestión de detectores y sensores y actualmente en convergencia con las telecomunicaciones e Internet, la conexión y control remoto de estas funciones. Por otra parte, la vivienda inteligente se relaciona con el concepto que hemos venido denominando aquí "**Casa Red**" y/o, en términos de **J.F. Tezanos** y **Bordas**, "casa sensible", que a partir de materiales y sistemas inteligentes "aprende" de sus inquilinos y es capaz de emitir respuestas *adaptativas*. Bien es cierto, que en opinión de los expertos el desarrollo de este tipo de vivienda se prevé para el periodo 2010/2020. Este concepto supera e incluye a los anteriores: casa domótica y hogar digital.

soluciones integrales, globales, sino únicamente aplicaciones que realizan tareas aisladas. Sea como fuere, desde nuestro punto de vista, la configuración de la **Ecovilla Digital** se establece a partir del concepto de **Casa Red** y no del de "domótica tradicional".

La **Casa Red,** es algo más que una vivienda convencional repleta de artilugios que realizan mecánicamente funciones que no resultan finalmente tal útiles, como parecen a simple vista. Indudablemente, lo que hemos dado en llamar domótica tradicional, ofrece ventajas y comodidades incuestionables: servicio de seguridad, alertas, eficiencia en el aprovechamiento de recursos energéticos, etc., pero no ofrece siempre una solución adecuada y global, a la concepción de habitar humano y su interacción con el espacio. En este sentido, la **Casa Red** supone un espacio *informacional* con unas características idóneas a nuestra concepción espacial "hacia adentro y hacia afuera simultáneamente". Como bien señala **Guallart**, "La **Casa Red** no es una casa llena de ordenadores, la casa es el ordenador que al tiempo que interconecta todos los elementos de la misma y los relaciona con el exterior". Así pues, nuestra idea surge al amparo de la filosofía del experimento que lleva cabo el **MIT**, House_n, **"La casa es el ordenador, la estructura es la Red"**. Su objetivo se centra en observar cómo las tecnologías impactan en las personas y sus entornos, en concreto en la vivienda. Para ello es necesario desarrollar un entorno, que haga posible la intercomunicación entre los diversos objetos que conforman esta vivienda del conocimiento. Así, tanto los espacios como los objetos y las personas, deberían tener entidad en la red y relacionarse física y digitalmente. De este modo, a partir de un **microservidor** del tamaño de un botón, incorporado a todos los elementos de la vivienda, estos se comunican con los espacios de la misma mediante la información que fluye por la estructura. Se trata en definitiva, de concebir la vivienda "como un entorno flexible y multifuncional, con **áreas temáticas** como la de **descanso**, **niños**, **trabajo**, etc., y la estructura *informacional* es tratada como un nuevo material arquitectónico".[72] A diferencia de la domótica tradicional, no es un ordenador central el que organiza el funcionamiento de los objetos sino, que la inteligencia se distribuye por todos los elementos que configuran la vivienda, que es a la vez el ordenador. "La programación se puede hacer de dos maneras, bien a través de un

---

[72]   Entrevista a Vicente Guallart, Revista "El mundo de la domótica".
N° 38 Junio 2002

software externo en un ordenador que podría estar en cualquier lugar del mundo o bien en cada uno de los objetos...De esta forma, lo que hemos hecho es unir la estructura física con la red de datos y la eléctrica de tal manera que cuando montamos la estructura físicamente ya estamos montando la red, y al tener construida la casa la red, ésta está ya funcionando"[73]. Bien a partir de esta red física incluida en la estructura de la vivienda, o a partir de una configuración **wi-fi** acompañada del protocolo **Bluetooth** en numerosos dispositivos, ya que previsiblemente en el futuro, éste será el estándar de comunicación entre "personas y máquinas". "De cualquier manera, estamos hablando de sistemas abiertos, por lo que en cualquier punto de la red podemos tomar o dar información."[74] Todo ello, evidentemente tiene repercusiones desde el punto de vista arquitectónico, en este sentido la tendencia actual, y a la que responde este proyecto, es la denominada *space solution*, centrada en ofrecer soluciones espaciales de forma integral, que tengan en cuenta los aspectos tecnológicos, arquitectónicos y de bienestar, citados.

De este modo, una casa con semejantes características y estructura, conectada hacia el interior y al exterior con otras redes como la **Red Digital** de **Servicios**, e **Internet**, constituye un entorno apto para favorecer la satisfacción de múltiples funciones que redunden en la noción de **bienestar** general, idea central del proyecto.

EL ENTORNO

En respuesta al mismo principio "hacia adentro y hacia afuera" la **Ecovilla Digital** se configura como un espacio cerrado y abierto al exterior. Será así un espacio cerrado de forma irregular adaptada al terreno, que contiene los espacios comunes de bienestar relación y disfrute. Así desde el centro hacia el perímetro de la **Ecovilla** se sitúan las viviendas y servicios diversos, de modo que pueda accederse a ellos directamente desde el exterior sin relación alguna con el centro de la **Ecovilla**, ni los habitantes de la misma. Una vez en este perímetro también es posible acceder al centro de la

---

[73]   Entrevista a Vicente Guallart, Revista "El mundo de la domótica". Nº 38 Junio 2002
[74]   Ibid.

Ecovilla y participar y disfrutar de todas las posibilidades de recreo y paseo que ésta ofrece. Del mismo modo, la puerta principal conduce directamente al centro de la **Ecovilla**. Siguiendo la misma filosofía ecológica y bioclimática que en las viviendas, los espacios arquitectónicos y naturales de la **Ecovilla** deben fomentar bienestar y funcionalidad. Los espacios deben estar configurados de tal modo que interactúen con los habitantes de la **Ecovilla** siguiendo los principios del proyecto global. Los espacios deben de ser amables, y propiciar un diálogo con el que los disfruta, algunos invitándole a pasear pausadamente, a fijarse en el paisaje, otros incitándole a la relación e incluso a la algarabía y al juego...zonas rápidas, lentas, en las que el paisaje, las vistas y la construcción arquitectónica comuniquen emociones y sentimientos diferentes a los usuarios de los mismos. En ellos el paseante puede encontrar árboles frutales, variopintas espacies florales, vegetales, espacios para el descanso y el pensamiento, espacios para la relación y la diversión, etc., espacios que despierten el asombro y la imaginación... así en el centro de esta extensión se sitúan un planetario y un invernadero. El resto de zonas se destinan al deporte al aire libre y a actividades que derivan de la influencia de los diversos servicios que se encuentran en el perímetro de la **Ecovilla Digital.**

Imagen: Google

En el perímetro norte /noroeste se distribuyen las viviendas que se extienden hacia el sur y el centro de la parcela. Las viviendas orientadas al sur/sureste se disponen en parcelas de diferente tamaño. Las mayores se encuentran preferentemente en el perímetro de la **Ecovilla** y las más pequeñas y las viviendas adosadas se extienden por la parte central de la **misma**, en torno a la piscina central y los edificios de alquiler, que se enclavan en la zona Noreste, cercanas a una zona boscosa en desnivel colindante con una vía de transporte. En la zona Sur de la parcela, la más cercana a la puerta principal, se sitúa la zona comercial y de servicios comunes de la **Ecovilla**, aquí se encuentran la **School dreams**, **guardería infantil**, **enfermería, restaurante** y diversos **negocios** y **oficinas**, junto a los **centros de investigación**. En estos espacios, que suministra la **Ecovilla** a diferentes profesionales, a cambio de que presten sus servicios a los habitantes de ésta, de modo prácticamente gratuito, se desarrollan actividades relacionadas con la idea de bienestar del entorno general, junto con actividades artísticas y culturales. Así, se dispondrá también en esta zona, de un pequeño cine-salón de actos y conferencias, biblio-ludoteca...Cierra este perímetro la, zona Sur Oeste en la que se sitúa un pequeño auditorio multifuncional al aire libre, que comunica directamente con la puerta principal por la que puede accederse desde el exterior.

CARACTERÍSTICAS y COMPOSICIÓN DE LA EXPERIENCIA PILOTO

PARCELA 60 000 mts^2
170 viviendas
459 habitantes.
Nivel de habitabilidad y disfrute: 130,7 mts^2/persona
Superficie ocupada por las viviendas: 27.000 mts^2

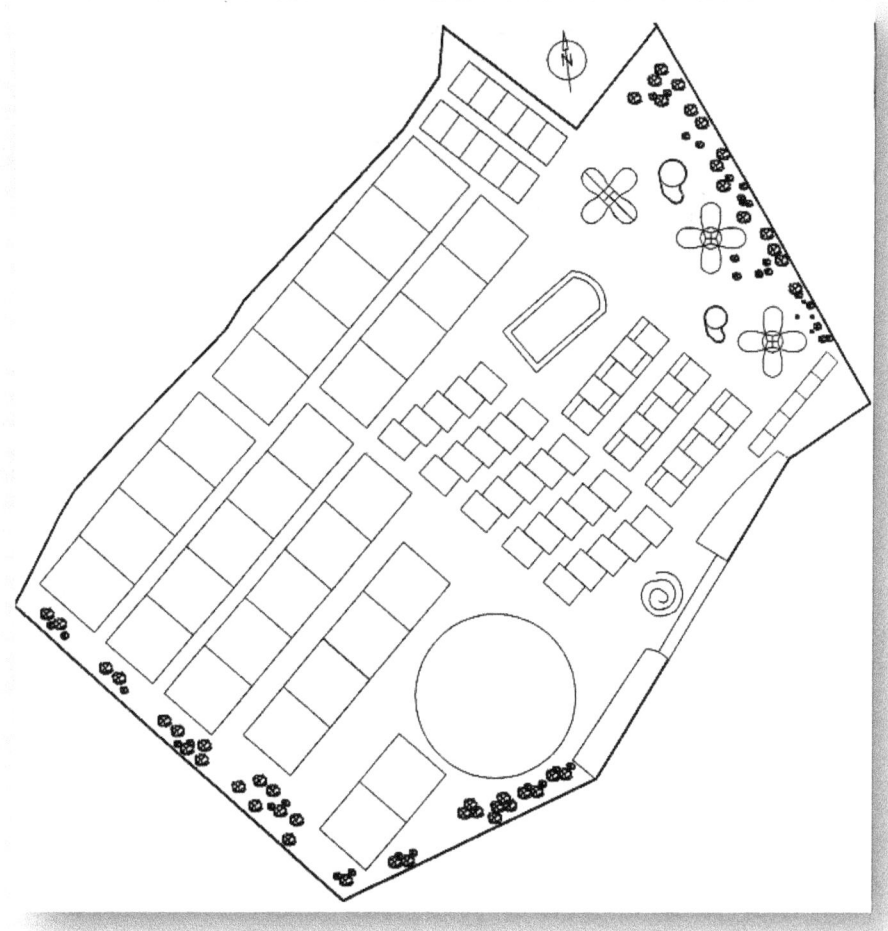

Edificaciones:
Viviendas aisladas
Total = 80 viviendas aisladas

- **10** Viviendas unifamiliares aisladas: Parcelas entre 600 a 800 mts2 180 mts2   construidos

- **20** Viviendas unifamiliares aisladas: Parcelas entre 400 a 600 mts2 160 mts2 construidos

- **50** Viviendas adosadas: 120 mts2 construidos y 50mts2 de jardín

Viviendas en altura (Alquiler)
- torres de 5 pisos **total =90** viviendas
- viviendas por planta: 2 viviendas de 100 a 120 mts2 y 4 apartamentos de 50 a 60mts2

LA RED DIGITAL DE SERVICIOS

Lo que **Lorente** denomina **Comunidad Digital de Propietarios** lo hemos llamado aquí **Red Digital de Servicios,** pues aunque damos por supuesta la implementación de dicho sistema con las características expuestas por este autor, lo que nos interesa destacar aquí, son los posibles **teleservicios** a desarrollar. De acuerdo con él, consideramos que la gestión de la información comunitaria adquiere un amplísimo campo de actuación y creemos que esta es el área no sólo más novedosa, sino más relevante para el habitar humano en los espacios descritos.

La *domotización* del hogar no resuelve realmente los problemas domésticos; por ello proponemos una red de servicios, que utilizando las nuevas tecnologías, configure una estructura de servicios comunes, que sean realmente útiles y proporcionen un auténtico bienestar a los habitantes de la **Ecovilla**. La mayor parte de las tareas *domotizadas*, sobre todo las domésticas, aunque se presentan como un fantástico avance, no resuelven realmente, de modo global y total, las funciones a que se destinan. Por ejemplo, se nos presenta como un gran logro las lavadoras que pueden conectarse, vía móvil, desde la oficina, cuando lo único que sustituyen es el momento y el modo en que se aprieta la tecla de comienzo del proceso de lavado, o avisan de sus averías. Y en este sentido, el beneficio es mínimo, ya que lo único que aportan es una ayuda adicional a la parte menos laboriosa del proceso. Cualquier ama/o de casa sabe bien, que el proceso de lavado incluye tareas mucho más molestas y engorrosas como son: qué ropa hay que lavar, en función de quién y cuándo las necesita en primer lugar, cuáles son más o menos prioritarias, etc. Una vez seleccionadas éstas, hay que clasificarlas por color y tejidos. Además hay que revisar bolsillos y manchas que es necesario frotar previamente... en definitiva, la función menos costosa es la selección del programa y puesta en marcha, por lo que el usuario no aprecia la necesidad de un electrodoméstico domotizado, salvo por la imagen tan sugestiva que se hace de su presentación. Lo mismo ocurre con los frigoríficos que hacen la compra a través de Internet. Éstos, al menos ofrecen aparentemente la "posibilidad" de pensar por el usuario, aunque con un mensaje lineal –¡falta leche!, ¡compra leche!-. Respecto a este producto de "primera necesidad" no hay problema pero la "lógica borrosa" de los compradores con preferencias y gustos cambiantes en su elaboración de las "listas de la compra", creará muchas disfunciones.

En contrapartida lo que se ofrece es una red que resuelva problemas reales y que, si bien se apoye en las tecnologías más avanzadas, ofrezca una serie de servicios en los que se integran perfectamente la tecnología y el personal que los presta.

La idea central de esta red es aprovechar el número de demandantes, como consumidores agregados, lo que proporciona una ventaja competitiva, al poder conseguir así un reducido coste de los mismos.

Los servicios básicos serán:

- **Limpieza diaria**.
  Un equipo de limpieza profesional limpia su casa, diariamente o con la frecuencia que usted decida. Este servicio cuenta con los dispositivos de limpieza más avanzados y dado que las estructuras y materiales de construcción serán más o menos homogéneos en toda la **Ecovilla Digital**, dispondrán de los aparatos más adecuados para su limpieza y conservación. Pero evidentemente como la decoración y composición de cada uno de los hogares es diferente, este equipo de limpieza cuenta con instrucciones precisas y un perfil de limpieza para cada vivienda. En este perfil se incluyen múltiples especificaciones sobre las necesidades y preferencias de los inquilinos de cada casa, de modo que la satisfacción sobre la limpieza y grado de conservación de la vivienda sea óptimo. Dada la previsible demanda agregada podrá conseguirse un precio muy competitivo respecto a los sistemas tradiciones de servicio doméstico, y mejores condiciones laborales para los trabajadores que prestan el mismo, dado que en este sector dichas condiciones suelen ser generalmente irregulares y precarias.

- **Menús recomendados a la carta**, con control informatizado de dieta equilibrada, respecto al perfil de las necesidades alimenticias de cada usuario y comunicado diariamente vía móvil.
  La **Ecovilla Digital** cuenta con un servicio de restaurante gestionado a partir de un sistema que es capaz de organizar los menús necesarios y optimizar el rendimiento de los alimentos,

su conservación y combinación. Cada usuario puede consultar y solicitar su menú desde el día anterior, por ejemplo a través de su televisor en las pausas publicitarias mientras ve la película de la noche, o a través de los diferentes *interfaces* de los que dispone. Mediante este sistema interactivo recibe la información de los distintos menús a su disposición, y puede realizar la demanda incluyendo la hora en que desea que le sea servido en su casa, en el restaurante, o si pasará a recogerlo él mismo, etc. El sistema al mismo tiempo, si usted lo desea, acumula la información sobre los menús consumidos a lo largo del tiempo generando un *histórico* de sus hábitos alimenticios. Así, usted podrá consultar un resumen y recomendaciones sobre los mismos, ya que el programa generará estadísticas y conclusiones sobre sus costumbres alimenticias lo que le permitirá conocer sus carencias y excesos, de modo que pueda modificar adecuadamente su dieta si lo desea. Del mismo modo, si usted debe de llevar una dieta, el programa le proporcionará las mejores combinaciones alimenticias dentro de sus restricciones, le ofrecerá las recomendaciones oportunas y velará por su régimen, sin que usted deba preocuparse más que de saborearlo.

· **Lavandería.**
El propio servicio de limpieza se encarga de recoger y entregar la ropa limpia en su domicilio. Cada prenda es identificada por un pequeño código de barras imperceptible que impide extravíos y permite la identificación de cada prenda con su usuario.

· **Servicio de alerta agenda vía móvil, según perfil del usuario.**
Este servicio es el que hemos denominado **Mayordomo Digital**. Se trata de un sistema de **Gestión del Conocimiento** respecto a la información que usted desee suministrar. Vía **teléfono móvil** e **Internet** o cualquier otro medio de telecomunicación, usted puede enviar información que será organizada y almacenada de modo que pueda disponer de ella en cualquier momento y solicitarla desde cualquier lugar donde pueda necesitarla. Es decir, la información que usted genera con la utilización de este servicio y otros que le suministra la **Ecovilla Digital**, permite elaborar un perfil de usuario respecto al que se le proporcionan **recomendaciones**, **alertas**, **avisos**, **información**, y **ayuda** siempre que lo necesite. En definitiva es

un **mayordomo digital** que cumple las mismas funciones que uno "real" y con la misma discreción, pues todo el proceso garantiza la confidencialidad de la información que usted provee, según la legalidad vigente. De este modo usted siempre estará en línea con "alguien" que vela por sus intereses.

- **Limpieza y mantenimiento de zonas comunes**.
  Las zonas de equipamientos comunes están diseñadas de modo que su limpieza y mantenimiento sea fácil y sus características y función no se vean alteradas (o en la menor medida posible) con el paso del tiempo. Los equipos de limpieza y jardinería contratados, se gestionan centralmente desde la **Red Digital de Servicios** con la participación de la **Comunidad Digital de Vecinos**

- **Guardería.**
  El servicio de guardería con personal especializado y localizado en el recinto mismo de la **Ecovilla Digital**, dispone de un amplio horario de modo que sea verdaderamente funcional para lo usuarios. Podrá pagar sus servicios, como el resto de los que provee la **Ecovilla Digital** a través de la **Tarjeta de Crédito Personal Ecovilla Digital** de la que cada usuario dispone, y en la que se acumulan los réditos de los beneficios que usted, según su coeficiente, obtiene por vivir en la **Ecovilla Digital**

- **Servicio sanitario.**
  El objetivo prioritario, del entorno que se construye a partir de la **Ecovilla Digital**, es generar una infraestructura que facilite y propicie estados y situaciones de bienestar. Desde el punto de vista de la salud esto constituye un elemento activo de medicina preventiva esencial. En este sentido, estos espacios generadores de bienestar, resultan en sí mismos terapéuticos cuando no paliativos en situaciones de enfermedad ya existentes. Inevitablemente salud y enfermedad son parte de un mismo proceso vital, y por ello, tanto una como otra cumplen su función en el mantenimiento y desarrollo físico-psíquico humano. Por el contrario, puede realizarse una gran labor con el tipo de dolencias y enfermedades crónicas, que no tienen un carácter genético ni estructural, y que son fruto de patógenos estilos de vida. Los estímulos cotidianos derivados de estos estilos de vida, caracterizados por una dieta inadecuada, el sedentarismo y la presión de altos niveles de

stress y ansiedad, culminan en afecciones crónicas que a medio y largo plazo resultan innecesariamente letales.

En este sentido, la **Ecovilla Digital** pretende propiciar espacios que a partir de la conjunción y sinergia de tres elementos fundamentales: **naturaleza**, **tecnología** y **arquitectura**, configure espacios de bienestar que se orienten a cubrir los siguientes objetivos:

- Desde el punto de vista **preventivo**: favorecer estados y situaciones de bienestar que disminuyan el riesgo e incidencia de ciertas dolencias y enfermedades

- Desde el punto de vista **paliativo**: ofrecer un entorno de bienestar en el que el tratamiento y la recuperación de determinadas dolencias y enfermedades, resulte más eficaz y menos costoso. Se trata de estructurar una red de asistencia y apoyo al paciente a partir de la telemedicina, coadyuvada con la presencia y atención de personal sanitario de atención permanente.

- Ofrecer una **pronta asistencia** y respaldo en situaciones de urgencia y riesgo. Los desarrollos técnicos actuales permiten detectar situaciones de riesgo y accidentes, tan frecuentes en personas mayores que viven solas o con discapacidad, lo que facilita enormemente su auxilio y tratamiento.

- Ofrecer entornos de acción y relación que favorezcan la **labor profiláctica** del personal sanitario y también de los propios sujetos como elementos activos de la misma. En este sentido los servicios de teleasistencia médica y la multitud de dispositivos que pueden "vigilar" constantemente la salud, constituyen nuevos elementos que permiten al paciente hacerse cargo de su propio estado de salud en mayor medida, que desde un enfoque tradicional

- Ofrecer entornos que favorezcan la vida, el **bienestar** y la convivencia de las **personas con discapacidad**. El acceso a los servicios y dispositivos tecnológicos, el acceso físico, etc., se idean a partir de los requerimientos de las personas con discapacidad

- **Servicio sanitario permanente** y asistencia a personas con discapacidad o con baja autonomía funcional. Todas las viviendas están dotadas de elementos estructurales en alguna de sus estancias que faciliten la tarea de asistencia del personal especializado que provee el servicio. La idea central es proporcionar el máximo bienestar a todo tipo de enfermos en especial a los crónicos, o en situaciones en las que en nada mejora su estado permaneciendo en un hospital. Se cuenta además con servicio de telemedicina concertado, y una enfermería para situaciones de urgencia.

A este respecto, se han de desarrollar para cada uno de estos objetivos y todos en conjunto, las estrategias concretas y detalladas que permitan construir arquitectónicamente espacios adecuados, en los que los servicios y dispositivos tecnológicos junto con el diseño de un entorno natural amable, propicien **estados de bienestar** respecto a las distintas situaciones de partida.

- **Servicio de vigilancia informatizado.** Tanto las viviendas como la **Ecovilla** en su conjunto cuentan con sistemas **anti-intrusión** apoyados en un sistema de vigilancia digital con control centralizado.

Para que todos estos servicios se garanticen a bajo coste, es necesario que los mismos sean demandados por un mínimo de residentes de la comunidad; por ello, cada propietario se beneficiará de los rendimientos de alquileres de locales y viviendas *proindiviso* de la comunidad, producción de energía solar, etc. De este modo, y a cada uno según su coeficiente, le corresponderán parte de los beneficios, que se la asignarán como crédito, a su tarjeta, para el consumo de los servicios citados. El resto del coste correrá a cargo del propietario que podrá demandarlo a la empresa suministradora de la **Ecovilla** o abastecerse en la que desee. Del mismo modo está previsto que la mayoría de los locales de los que pueda disponerse, se cedan para su explotación a cambio de que el suministro de sus servicios para la comunidad, sea prácticamente gratuito.

212

Además de ello la **Ecovilla** tecnológica, por sus características e infraestructura únicas, es un banco de pruebas ideal para observar la respuesta de los usuarios ante ciertas aplicaciones tecnológicas novedosas, de modo que esta peculiaridad puede interesar, y así se ofrecerá, a empresas que en este caso pasarán a patrocinar ciertos servicios y/o productos. Esto supondrá una fuente más de beneficios adicional potenciando, eventualmente, la **Red Digital de Servicios** general. En este sentido, el Proyecto **Ecovilla Digital** es un planteamiento teórico con vocación social, que al mismo tiempo puede convertirse en un modelo de negocio con interés empresarial:

MODELO DE NEGOCIO ECOVILLA DIGITAL

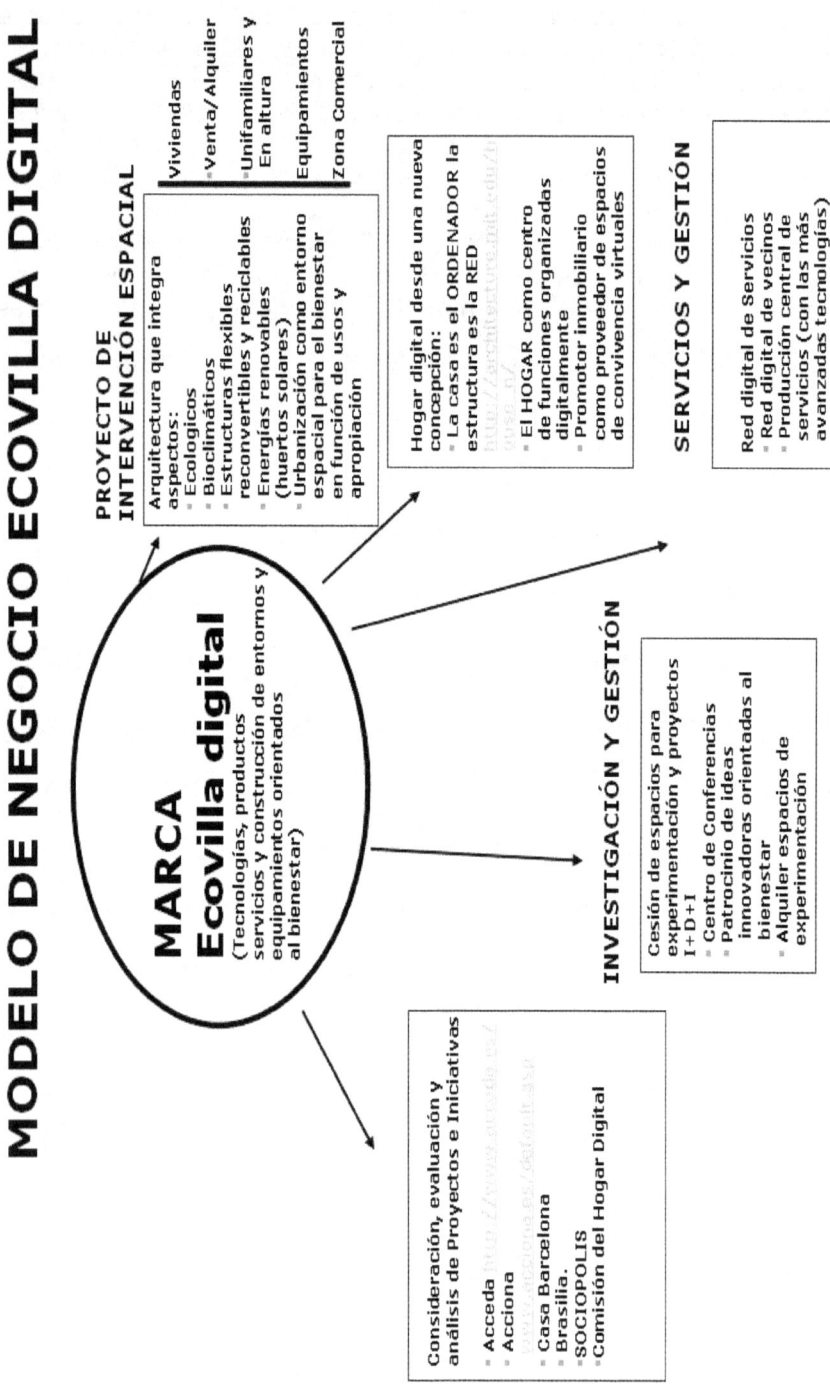

PROYECTO DE INTERVENCIÓN ESPACIAL

Arquitectura que integra aspectos:
- Ecologicos
- Bioclimáticos
- Estructuras flexibles reconvertibles y reciclables
- Energías renovables (huertos solares)
- Urbanización como entorno espacial para el bienestar en función de usos y apropiación

Viviendas
- Venta/Alquiler
- Unifamiliares y En altura

Equipamientos
- Zona Comercial

Hogar digital desde una nueva concepción:
- La casa es el ORDENADOR la estructura es la RED
  http://arquitectura.mit.edu/house_n/
- El HOGAR como centro de funciones organizadas digitalmente
- Promotor inmobiliario como proveedor de espacios de convivencia virtuales

MARCA
Ecovilla digital
(Tecnologías, productos servicios y construcción de entornos y equipamientos orientados al bienestar)

SERVICIOS Y GESTIÓN

Red digital de Servicios
- Red digital de vecinos
- Producción central de servicios (con las más avanzadas tecnologías) / consumo individual

INVESTIGACIÓN Y GESTIÓN

Cesión de espacios para experimentación y proyectos I+D+I
- Centro de Conferencias
- Patrocinio de ideas innovadoras orientadas al bienestar
- Alquiler espacios de experimentación

Consideración, evaluación y análisis de Proyectos e Iniciativas
- Acceda http://www.acceda.es/
- Acciona
  http://www.aciona.es/galeria.asp
- Casa Barcelona
- Brasilia.
- SOCIOPOLIS
- Comisión del Hogar Digital

En definitiva, la **Ecovilla Digital** pretende convertirse en un espacio integrador desde distintos puntos de vista. Por una parte supone un espacio que articula la contigüidad y continuidad entre localizaciones naturales y urbanas y por otra articula la relación entre el "espacio de los flujos" y el "espacio de los lugares". Es en este sentido un elemento vertebrador entre estos dos "mundos" que Castells advierte distantes discurriendo paralelamente.

> "La consecuencia es una esquizofrenia cultural entre dos lógicas espaciales que amenaza con romper los canales de comunicación de la sociedad (...) A menos que se construyan deliberadamente puentes culturales y físicos entre estas dos formas de espacio, quizá nos dirijamos hacia una vida en universos paralelos..."[75]

A este respecto, es indudable que uno de los mayores retos con los que nos encontraremos durante este siglo, será el desarrollo de estrategias que permitan la fusión y sinergia de ambos tipos de espacios. Por ello, es de esperar que prolifere la presentación de iniciativas de este tipo y que la propia dinámica social nos lleve a ellas. Planteamientos similares, facilitan la creación de contextos espaciales en los que parecen convivir de forma "natural" los procesos derivados de ambos tipos de espacios, el de los flujos y el de los lugares. Así la **Casa Red** y el ámbito de convivencia de la **Ecovilla Digital**, junto a su **Red Digital de Servicios**, configuran un hábitat con referencias a lo local, lo contiguo, lo inmediato y al mismo tiempo a lo virtual, y al lo global, a la red de redes. Se construye así un espacio Natural/artificial, real/virtual, analógico/digital, en definitiva un espacio que permite la transición entre espacios de flujos y lugares y que nos lleva de lo **Global/Local** a lo **GLOCAL**[76]. Un nuevo espacio, una nueva forma espacial para un nuevo tipo de sociedad. Pasamos así, de la casa automática a la *domótica*, de esta al hogar digital y a la **Casa Red** y de ella, como eje central, a espacios físicos tangibles de convivencia que se *virtualizan* crecientemente. Todo ello *virtualiza* nuestra existencia y los contextos de interacción social, hasta el punto de que nuestra propia *fisicalidad* es cada vez más *virtual*, pero no por ello menos real para nosotros. Hemos creado estos

---

[75]   **Manuel Castells** La era de la información. Vol I. La sociedad red. Pp. 461-462

[76]   Cultura y acción local, en el marco de la referencia global permanente

nuevos modos de convivencia y los hemos dotado de forma a través de la tecnología, lo que nos obliga también a transformar físicamente nuestros espacios de interacción social. El futuro está siempre abierto, pero **los tiempos frenéticos piden calma y quizá sea este el momento de *repensar* la tecnología**. *Repensar* la tecnología, supone *repensar* nuestros valores y la sociedad que queremos, volver a pensar qué deseamos que la tecnología haga por nosotros y qué haremos nosotros con la tecnología que tenemos. En definitiva, se configura un mundo en el que a medio plazo y progresivamente, **todos nos convertiremos en nodos productores y receptores de una inmensa Red de información, esperemos, no sólo de datos banales, sino de conocimiento real y global compartido.**

SABER MÁS

Petterson, Eduard	Arquitectura minimalista	Atrium Group de ediciones y publicacione s, SL.	Barcelona	2004
Sudjic, Deyan y Beyerle Tulga	Hogar La casa del siglo XX	Blume	Barcelona	2000
Baudrillard, Jean	Pantalla total, Anagrama	Anagrama	Barcelona	2000
Bell, Daniel.	El advenimiento de la sociedad postindustrial : un intento de prognosis social.	Alianza	Madrid	1976
Bijker, W.E.; Hughes, T.P. y Pinch, T. (eds.)	The Social Construction of Technological Systems: New Directions in the Sociology and History of Technology	Cambrige (MA): MIT Press	Cambrige	1987
Bijker, W.E.; Law, J. (eds.)	Shaping Technology/Building Society	Cambrige (MA): MIT Press	Cambrige	1992
Bilbeny, Norbert	La revolución en la ética Hábitos y creencias en la sociedad digital	Anagrama	Barcelona	1997
Bruce Brooks Pfeiffer	Frank Lloyd Wright	TASCHEN	Köln	2002

Bruce Brooks Pfeiffer	Frank Lloyd Wright	TASCHEN	Köln	2002
Carballar Falcon, José A.	Internet. El Mundo en sus manos	RAMA	Madrid	1995
Cardwell, Donald	Historia de la Tecnología	Alianza Universidad	Madrid	2001
Castells Manuel	La era de la información. Economía, Sociedad y Cultura. Vol I, II y III	Alianza Editorial	Madrid	1997
Castells, M.	La Galaxia Internet	Arete	Barcelona	2001
Castells, M.	La ciudad *informacional*. Tecnologías de la información reestructuración económica y proceso urbano-regional	Alianza Editorial	Madrid	1995
Castells, Manuel y Peter Hall	Tecnópolis del mundo	Alianza	Madrid	1994
Cremades, Javier	El paraíso digital. Claves para entender la revolución de Internet y las telecomunicaciones	Plaza y Janes	Barcelona	2001
Echeverría, J.	Cosmopolitas domésticos	Anagrama	Barcelona	1995

Echeverría, Javier	Los Señores del Aire: Telépolis y el Tercer Entorno_	Destino	Barcelona	1999
Echeverría, Javier	Un Mundo Virtual	De bolsillo		2000
Marta Féher	"Lo natural y lo artificial (un ensayo de clarificación conceptual)"	Teorema Revista internaciona l de filosofía. Tecnos Vol. XVII/3		1998
Giddens, Anthony	Un mundo desbocado. Los efectos de la globalización en nuestras vidas	Taurus	Barcelona	2000
Hannerz, Ulf. "Pensar en redes", en Hannerz	Explorando la ciudad	FCE	Madrid	1980
Haraway, Donna J.	Manifiesto para Cyborgs	Episteme	Valencia	1995
Haraway, Donna J.	Ciencia, cyborgs y mujeres. La reinvención de la naturaleza	Cátedra	Madrid	1995
Howard Rheingold	The Virtual Community	Harper	Nueva York	1993
Iranzo, Juan Manuel	"Un error cultural situado: la dicotomía Naturaleza/Sociedad. "	Política y Sociedad Núm 3	625)	2002

Iranzo, J. M.; Blanco, R. Et al. (coords.)	Sociología de la Ciencia y la Tecnología	CSIC	Madrid	1994
José Antonio Acevedo Díaz	"¿Qué puede aportar la Historia de la Tecnología a la Educación CTS?"		OEI Sala de Lectura	
Joyanes Aguilar, Luis	Cibersociedad. Los retos sociales ante un nuevo mundo digital	McGraw Hill	Madrid	1997
Latour, B.	Ciencia en acción	Labor	Barcelona	1992
Lévy, Pierre	Cyberdemocratie	Odile Jacob		2001
Lévy, Pierre	La cibercultura, el segon diluvi?	Proa / Edicions Universitat Oberta de Catalunya	Barcelona	1998
Lèvy, Pierre	¿Qué es lo virtual?	Paidós	Barcelona	1999
Lorente Santiago	Tecnologías para la información: La convulsión de una década	FOESA	Madrid	1994
Lorente, Santiago	La casa inteligente	Fundesco	Madrid	1991
McDough, William y Michael Braungart	Cradle to Cradle, Rediseñando la forma en la que hacemos las cosas	Mc Graw Hill	Madrid	2005

Mackay, H. Y Gillespie, G.	Extending the Social Shaping of Technology Approach: Ideology and Appropriation. In: Social Studies of Science.	Sage	Londres	1992
Mackenzie, D.; Wajcman, J. (eds.)	The Social Shaping of Technology	Buckingham : Open University Press	Buckingh am	1985
Martín, William J.	The global information society	ASLIB: Gower	London	1997
Meyer, S. y Schultz, E.	The smart home in the 1990s. Acceptance and future usage in private households in Europe.	EMTEL	Sussex	1996
Mumford, Lewis	Técnica y civilización	Alianza Editorial	Madrid	2002
Negroponte, N.	El Mundo Digital	Ediciones B	Madrid	1995
Plant, S.	Ceros + Unos, Mujeres digitales + la nueva tecnocultura	Destino	Barcelona	1992
Racionero, Luís	Del paro al ocio	Anagrama	Barcelona	1984
Rheingold, R.	The virtual community	Harper	Nueva York	1993

Silvestone, R y Haddon, L.	Information and Communication Technologies and the Moral Economy of the Household. In: Silverstone, R. And Hirsch, E. (eds.) Consuming Technologies: Media and Information in Domestic Spaces	Routledge	Londres	1992
Smith, M.R.; Marx, L. (eds.)	Historia y determinismo tecnológico	Alianza	Madrid	1997
SMITH, Marc A.; Peter KOLLOCK	Communities in Cyberspace	Routledge	London	1999
Tezanos,J. F. y Julio Bordas	Estudio Delphi sobre la casa del futuro	CIS	Madrid	2000
Tezanos,J. F. y Julio Bordas	Estudio Delphi sobre la casa del futuro	CIS	Madrid	2000
Virilio, Paul	Cibermundo ¿Una política suicida?	Dolmen Ediciones	Santiago	1997
Waters, Malcolm	Globalization	Routledge	USA	1995
Wellman, Barry	Netwoks in the Global Village: Life in the Comtemporany Communities	Wellman, Barry Editores		1999

| Wellman, Barry | An electronic Group is Virtually a Social Network Ed. Sara Kiesler Culture of Internet | Ed. Sara Kiesler Culture of Internet | | 1997 |
| Winner, L. | Tecnología autónoma La técnica incontrolada como objeto del pensamiento político | Gustavo Gili | Barcelona | 1979 |

ENLACES a INTERNET
Artículos de interés

- **El futuro de los precios de la vivienda. Cristina Vela González-Sarasa**
  http://www.el-mundo.es/suvivienda/2004/341/1080912784.html
- **La casa del futuro.**
  http://www.domoticaviva.com/noticias/033-071202/domo2.htm
- **El divorcio un nuevo negocio inmobiliario**
  http://www.el-mundo.es/suvivienda/2004/361/1095354387.html
- **Vicente Guallart, El mundo de la domótica**
  http://www.cetisa.com/domotica/Numeros/Num_38/al_habla_con.pdf
- **Entrevista con Santiago Lorente**
  http://www.casadomo.com/revista_domotica_entrevistas.asp?type=1&id=209
- **Una vivienda en el límite de una ciudad para una familia**
  http://www.via-arquitectura.net/00/00-050.htm
- **"Loftcubes": nuevos hogares urbanos para los nómadas laborales**
  http://www.elmundo.es/suvivienda/2004/359/1094162411.html
- **Lofcube, hogar móvil para nómadas urbanos**
  http://www.todoarquitectura.com/crawler/foros/7152.htm
- **Loftcube, una vivienda de moda**
  http://www.noticias.com/index.php?action=mostrar_articulo&id=57080&IDCanal=1
- **Situación y previsiones del sector de la construcción en España y Europa**
  http://www.urbaniza.com/integraciones/ur/reportajes/reportajedes.jsp?cod=103&pag=1
- **Nanotecnología y arquitectura**
  http://www.imcyc.com/revista/1998/febrero/nanfeb98.htm
- **Nueva etapa de Fagor en el proyecto Casa Barcelona**
  http://www.casadomo.com/revista_domotica_news.asp?type=1&id=2880&liststart=1
- **Microsoft presenta la casa del futuro**
  05/04/2004

- **eNeo, un mayordomo en cada casa**
  25/09/2001
- **Trabajar desde el hogar**
  01/06/2001
- **Santiago Lorente "Presente y futuro de la domótica"**
  http://www.ssr.upm.es/personales/slorente/materiales/1999-
- **LA_VIVIENDA_INTELIGENTE_DEL_SIGLO_XXI_LA_CASA**

  RED.pdf

- **Enrique Ruz Director General de ACCEDA, empereza promotora el evento COMUNIDAD DIGITAL 2004 que se celebrará dentro de SIMO en Ifema.**
  http://www.casadomo.com/revista_domotica_entrevistas.asp?t

  ype=1&id=2875

- **Félix Riera Parcerisas Presidente del Comité directivo de APROP 2004 que llegan a su decimotercera edición con el tema la casa del futuro**
  http://www.casadomo.com/revista_domotica_entrevistas.asp?t

  ype=1&id=2847

- **Juan Ramón Sánchez Director de Proyectos de Grupo Planner y responsable de Inmofutura en el Salón Inmobiliario de Madrid**
  http://www.casadomo.com/revista_domotica_entrevistas.asp?t

  ype=1&id=2641

- **Hogar inteligente para ancianos**
  http://www.amazings.com/ciencia/noticias/251103b.html

- **Casas inteligentes**
  http://www.urbaniza.com/integraciones/ur/reportajes/reportaje

  des.jsp?cod=52&pag=1

- **Inmotica**
  http://www.inmomatica.com/
- **Las ciudades del futuro**
  http://www.arquinauta.com/x/articulos/articulo.php?id_art=11

La domótica en la red: empresas, iniciativas, etc.

- **Hogar Digital Fagor**
  http://www.fagor.com/es/domotic_n/
- **Techfoundries: meta compañía de infraestructuras tecnológicas**
  http://www.techfoundries.com
  Millenium Technologies
  http://www.lacasadelfuturo.com/casa_conectada.php
- **Tienda domótica "Spacio Inteligente"**
  http://www.casadomo.com/revista_domotica_articles.asp?type=1&id=2820
- **Domotica.net**
  http://www.domotica.net/
- **Fira Barcelona. Actividades**
  http://www.construmat.com/portal/fol/Construmat/2005/constr
  umat;jsessionid=MEDQF1KD5GJFJLA3BALCFE3MDUEBKIWD?paf
  _pageId=7700001&paf_gear_id=9300001&paf_gm=content&pa
  f_dm=full&CurrentExhibitor=&cmd=viewRepDetail&reportId=20
  0001

- **Mundogar y CASADOMO.com lanzan una tienda on-line de productos de domótica y hogar digital**
  http://www.casadomo.com/revista_domotica_news.asp?type=1
  &id=2839

  www.lacasadelfuturo.com
  www.casadomo.com
  www.aldeadomotica.com
  www.domoticaviva.com
  www.cedom.org
  www.domointel.com

Asociaciones, instituciones y eventos de interés

* **Libro blanco del hogar digital**
http://www.fundacion.telefonica.com/publicaciones/libro_blanc

  o/libro_blanco.htm
* **Web de la Comisión del Hogar digital**
http://www.comisionhogardigital.org/
* **Importante reunión de la Comisión del Hogar Digital**
http://www.casadomo.com/Actualidad_Ferias_y_Eventos.asp?t

  ype=1&id=2827
* **CEDOM, Inmotica**
http://www.iespana.es/legislaciones/domotica.htm
* **CEDOM, Asociación Española de Domótica**
http://www.iespana.es/legislaciones/domotica.htm

Webs inmobiliarios, de construcción y arquitectura

* **Domino 21: más "normal" de lo que parece**
http://www.expocasa.es/reportajes/construccion/index.cfm?pa

  gina=reportajes_construccion_063_063
* **Solo Arquitectura**
http://www.soloarquitectura.com/
* **Space Solution**
http://www.cambridgeincubator.com/dynamic_frame.html?http

  ://www.cambridgeincubator.com/contact/
* **Portal de arquitectura**
www.arq.com.mx

- **Información relevante sobre el sector de la construcción. Datos, actividades, enlaces de interés, etc.**
  http://www.esade.es/pfw_files/cma/GUIAME/flashes/sectoriales

  /construccion.pdf

Ferias y Congresos de construcción hogar digital y afines

- **CONSTRUTEC**
  Salón inmobiliario Inmofutura y el hogar digital
  http://www.casadomo.com/Actualidad_Ferias_y_Eventos.asp?t

  ype=1&id=2735&liststart=1

- **Net-at Home Congreso Niza 2004**
  http://www.net-athome.com/

- **APROP 2004 La casa del futuro. La aplicación de las nuevas tecnologías al hogar. XIII Jornadas tecnológicas Universidad-Empresa**
  http://web.salleurl.edu/aprop/

- **SIMO "La comunidad digital"**
  http://www.terra.es/tecnologia/articulo/html/tec11930.htm

- **Inmofutura en SIMA**
  http://www.saloninmobiliario.com

- **Inmofutura en SIMA**
  El Hogar Digital, el Hogar de Siglo XXI. Casa domo
  http://www.casadomo.com/Actualidad_Ferias_y_Eventos.asp?t

  ype=1&id=2735&liststart=1

Construcción sostenible

- **La vivienda ecológica proveedores**
  http://www.soloarquitectura.com/favoritos/construccionecologic
  a.html

- **Materiales y proveedores de construcción sostenible**
  http://www.domotica.net/Congreso_internacional_sobre_arquit
  ectura_sostenible.htm

- **Recursos de construcción bioclimática**
  http://www.bioconstruccion.biz/

- **La construcción sostenible ha puesto su primera piedra en CONSTRUMAT**
  http://www.construmat.com/portal/fol/Construmat/2005/constr
  umat;jsessionid=MEDQF1KD5GJFJLA3BALCFE3MDUEBKIWD?paf
  _pageId=7700001&paf_gear_id=9300001&paf_gm=content&pa
  f_dm=full&CurrentExhibitor=&cmd=viewRepDetail&reportId=20
  0001

- **SIMA Inmofutura**
  http://www.saloninmobiliario.com/pages/home/home.php

- **Biotectura Importante web dedicada a la construcción ecológica y sostenible**
  http://www.biotectura.com/HSXXI.htm

- **La arquitectura bioclimática se sitúa en la vanguardia del sector**
  http://www.arq.com.mx/Noticias/Detalles/1623.html

- **INMOMÁTICA, desarrolla un nuevo sistema de gestión y control de viviendas bioclimáticas.**
  http://www.casadomo.com/revista_domotica_news.asp?type=1
  &id=2911&liststart=31

- **INMOMÁTICA, desarrolla un nuevo sistema de gestión y control de viviendas bioclimáticas**
  http://www.inmomatica.com/

- **Construcción sostenible y Construmat**

http://www.construmat.com/portal/fol/Construmat/2005/constr
umat?paf_gear_id=3200024&paf_gm=content&paf_dm=full&pr
Id=4300004&cmd=viewPR

- **Domótica viva**
  http://www.domoticaviva.com/portada2.htm
- **CASA TORRES**
  Vivienda Solar, Bioclimática, Domótica y Ecológica
  http://www.revistahabitex.com/casatorres.htm

Proyectos

- **CEDOM (Asociación Española de Domótica)**
  http://www.cedom.org/
- **Vivienda flexible.**
  Viviendas a gusto del consumidor
  http://www.el-
  mundo.es/suvivienda/2002/234/1010073739.html
- **ANAVIF**
  http://www.anavif.com/principal.html
- **Hogar Digital Conectado**
  http://www.casadomo.com/revista_domotica_articles.asp?type
  =1&id=2958
- **La tienda "idea DIGITAL"**
  http://www.casadomo.com/revista_domotica_articles.asp?type
  =1&id=2927
- **Novedades "Connected Planet"**
  http://www.casadomo.com/revista_domotica_articles.asp?type
  =1&id=2856
- **Proyecto Casa Barcelona**
  http://www.firabcn.es/portal/fol/institucional/institutional?paf_g
  ear_id=600005&paf_gm=content&paf_dm=full&prId=4600001
  &cmd=viewPR

Salud y accesibilidad en la vivienda

- **"Como Toni por su casa".**
  Un catalán con parálisis cerebral prueba los novedosos ingenios
  electrónicos informáticos del primer piso totalmente adaptado a
  personas discapacitadas
  http://www.domotica.net/Como_Toni_por_su_casa.htm

- **En Barcelona se inaugura la primera vivienda
  "domotizada" para discapacitados motrices**
  http://www.famma.org/noticias2004/100412.htm

Índice Onomástico

www.ingramcontent.com/pod-product-compliance
Lightning Source LLC
Chambersburg PA
CBHW072032190526
45165CB00017B/225